本書版稅全額捐贈財團法人門諾社會福利慈善事業基金會

我這樣管理，解決90%問題！

前王品執行長 楊秀慧

靠小框架扭轉大問題的管理學

目錄 CONTENTS

PART II 人才與績效問題，我這樣解決

PART III 財務問題，我這樣解決

PART IV 營運問題，我這樣解決

PART V 顧客問題，我這樣解決

PART VI 危機問題，我這樣解決

推薦序

心目中永遠的女獅王

戴勝益　王品集團創辦人

時光飛逝，認識秀慧已經二十多個年頭，但和我第一天認識的她，卻幾乎沒有分別。

二〇〇四年，她還在擔任集團總部主管與財務長，從事著她最擅長的幕僚與財會專業，但我認為憑她的才能與特質，一定能為王品闖出更開闊的天下。於是，我邀請她加入內部創業的「醒獅團計畫」，成為第一位女獅王，在沒人、沒錢、沒經驗的前提下開創新品牌。

我自己的創業歷程就是「九死一生」，在開辦王品牛排之前，曾經營遊樂園、金氏世界紀錄博物館、外蒙古烤全羊餐廳等，我當然非常清楚創業的失敗率有多高，對當時的她是多大一個驚天動地的挑戰！但作為一個老闆，除了激勵同仁闖蕩，當然還要為可能的失敗做好布局，於是我提出幫她保留財務長位置的建議，而她卻斷然拒絕，希望不留後路。我留後路是為了保住優秀人才，沒想到卻引發她的強烈抗議！當然後來我也全力支持她去做。

這就是我認識，勇往直前的秀慧。

從她加入王品一路循序漸進地建構制度，讓公司維運更步上軌道，在著手規劃上市前，因應上市進行股權結構的整併，當時，秀慧建議我們決策層等比例讓出一〇％的股票給所有同仁認購，延續了王品向來與同仁共享利潤的精神，當時我還開玩笑糗她：「人家請的財務長都是幫老闆賺錢，只有我們的財務長一直叫我吐錢！」創業最怕的就是，等公司賺錢之後會面臨爭利，但我們高階主管都對此毫無異議，一致鼓掌通過！

這就是我認識的，永遠把同仁放在自己前面的秀慧。

還有一次，忽然收到秀慧的電話與自白書。當時我還以為茲事體大，想著發生了什麼事！原來是財務部同仁與她團購帝王蟹，後來才發現該廠商居然已經跟公司採購部有往來了，只是根本沒人知道，無意間觸犯了王品龜毛家規第二十六條。當時發起團購的同仁幾乎是哭喪著臉去找她求救，她也是一肩扛下整件事，親自在中常會向獎懲委員說明。

這就是我認識的，誠實正直的秀慧。

她是王品集團第一個登上百岳的女獅王，凡事永遠是一馬當先，勇敢嘗試任何挑戰。對於企業文化「敢拚、能賺、愛玩」的精神貫徹到底，更身體力行「登百岳、嘗百店、遊百國」，經常帶領著精力充沛的夥伴們，體驗攀登百岳的毅力與堅持，她的熱情無人能及。

這就是我認識的，堅持熱情的秀慧。

如今，我們都已離開這個共同的大家庭，有別於過去把心力灌注事業，六十歲過後，我開始把人生目標鎖定在志業，創立益品書屋和益品美術館，期望用文化和美學來回饋社會。

而秀慧，似乎從我認識她的那天起，身上就擁有了一樣的ＤＮＡ。她在這個時間點選擇了寫書，想把她過去職場的所有經驗和學習，分享給其他的經營者、創業者，同時也擔任企業的顧問角色，用屬於她的方式來回饋社會。看起來我們的退休，都是一場退而不休的冒險！相信這本蘊藏了管理精華和人生智慧的著作，能對你的職業，甚至你的人生，解決超過九〇％的問題！

推薦序

一位「做事有度、待人有情」的領導者典範

趙胤丞
振邦顧問有限公司負責人

猶記得與秀慧老師結緣於二〇〇七年間，有機會聆聽當時身為夏慕尼總經理的她精彩分享。隔沒多久，前輩玉珠姐款待我到夏慕尼新香榭鉄板燒用餐，當時我對夏慕尼印象極為深刻，可口美食、精湛廚藝、體貼服務，也開啟我探索美食的新起點。

去年因緣際會又聯繫上秀慧老師，得知她已卸下王品集團執行長職務，過起登山跑步學畫與兼任企業顧問的自在人生。幾次向她請益，我都得到不少啟發，像是庫存管理「彩虹貼」、一般同仁／中階主管／高階主管的管理界線、如何從外商會計師轉戰餐飲業的跨界歷程，故事聽得我無不拍案叫絕，真是太精彩的人生智慧了！

非常謝謝秀慧老師願意與城邦集團第一事業群黃淑貞總經理與商周出版編輯們精心策劃，《我這樣管理，解決九〇%問題！》因而誕生，內容涵蓋企業文化、人才績效、財務營運、顧客管理、危機處理等企業經營關鍵議題，透過故事案例深入淺出說明，回歸人本精神與服務原

則，不一味追求利潤，但求天理利潤與合理報酬，每次危機都是健全體系最好的提醒，相信此書對廣大讀者必然有益。

我有幸提前拜讀本書數次，在筆記中寫了很多重點與延伸，最大的感想是這本書就是秀慧老師的化身，確實做到說寫作一致！我亦有幸近距離跟秀慧老師交流，以下是我從她身上觀察到的五個超棒特質：

一、正直誠信：嚴格遵守王品憲法、龜毛家族的所有原則，從自身做起，以身作則成就典範，避免擦邊球文化，凡事以高道德標準檢視自我。待人處事公正廉明，卻不失同理心與溫暖。

二、樂觀進取：面對困境依然樂觀面對、勇往直前，臨危受命成為食安危機發言人、執行長都不跟命運低頭，危機就是轉機，樂觀進取的領導者才能夠穩住當下局勢，並且激勵鼓舞人心。

三、跨界勇氣：從外商會計師經理人到王品集團財務長、人資長、總管理處主管、夏慕尼創辦人、執行長職務，一切根基在於勇氣，只是勇氣不是梁靜茹給的，而是明白「不創新就等死、不跨界就淘汰」的道理。

四、專注本業：扮演什麼角色，就像什麼角色。保持豐沛的好奇心，打破砂鍋問到底，還問砂鍋在哪裡，透過好奇心了解市場脈動與顧客需求，進而從中挖掘靈感，有所創新。

五、周全考量：用心待人處處可見溫暖，像是朋友家族企業遇到公關危機，我請企業家二代請教秀慧老師，她則傾囊相授，事件也得到圓滿處理，非常感謝！同時，她也對集團同仁關懷無微不至，連關懷都能拆解成ＳＯＰ，只為了在有限時間內，能夠極大化照顧同仁感受，我在不同企業培訓遇到不少秀慧老師的舊識，皆稱讚秀慧老師是他們的貴人，無一例外。

王品集團是台灣餐飲界的標竿企業之一，王品集團相關著作都有精彩呈現，也讓我這外行人對王品集團有更深、更多面向的認識。而我在寫推薦序前，特別從網路書店訂購王品集團的相關著作來拜讀，梳理出以下角度（作者名我都稱呼老師，我認為凡是能讓我學習的都是我的老師）：

- 戴勝益老師在數本著作（《董事長，愛說笑：品味生活，快意人生》、《大店長開講：店長必修十二學分／五十個開店Know Why》、《戴勝益的故事人生》、《敢夢還是作夢》、《修正力：戴勝益給年輕人的四十七個生存法則》）細數如何篳路藍縷開創的歷程，後來集眾人智慧成就王品集團。
- 黃國忠老師在《把平凡的事，做到不平凡：王品的行政藝術》詳述如何讓行政管理變成一門藝術，不只是眾人之事的有效執行，更創造了眾人事務的滿意及喜悅。要能讓同仁像前者如實執行SOP已不易，後者難度更高，如何讓大家歡喜去做，書中都有詳細介紹。

● 高端訓老師在《WOW！多品牌成就王品》深度解析王品集團多品牌規劃與設計，書中分享多品牌創新經營七部曲、追求好品牌的十一個觀念、品牌定位紅三角、十大品牌行動、十大行銷活動等，藉此書了解王品集團多品牌該如何協作與互補。

● 楊秀慧老師最新力作《我這樣管理，解決九〇%問題！》則是談一個連鎖餐飲組織的危機處理、接班交棒、品牌重塑、薪酬設計、日常營運等等的訣竅，如何重振過往王品集團的閃亮招牌，恢復團隊同仁的士氣與信心，我一再從書上感受到秀慧老師對王品集團同仁們的愛與關懷，以及對人事物抱持的堅定信念。

我也把本書想像的不同讀者群，做個重點閱讀角度整理，提供大家參考：

企業主可這樣看

● 如何做到選對人、做對事，而非讓小事刷存在感

● 如何有效傳承接班、企業轉型、品牌再造、設計薪酬、策略規劃

● 遇到經營危機因應處理之道

主管們可這樣看

- 如何成為承上啟下的中堅棟樑
- 設計與實踐有效又有溫度的日常營運管理制度與部屬關係經營
- 培育部屬成為組織即戰力

基層同仁可這樣看

- 如何紮實基本功，耐得住性子努力做中學
- 把自己工作做好外，更要有自驅動能力鞭策自我
- 跨界跨領域的成長心態：願意跨出或擴大舒適圈

聖嚴法師曾說：「面對它、接受它、處理它、放下它。」在我看來，秀慧老師就是活出這段智慧話語的典範之一！祝福各位讀者都能從本書中感受到她那份無私傳承的心意與成長祝福！

誠摯推薦《我這樣管理，解決九〇%問題！》！

推薦序

冷靜的腦與溫暖的心

李吉仁

台灣大學名譽教授、誠致教育基金會副董事長

產業常流傳一句話：「魔鬼藏在細節裡！」但一般讀者若非久經現場問題的洗禮，通常難以知道細節裡的魔鬼，更遑論如何解決得了魔鬼般的問題。本書係由國內餐飲龍頭企業——王品餐飲集團的首位女性執行長楊秀慧，透過她二十多年歷任財務長、品牌獅王與執行長的經歷，深入剖析王品諸多具特色制度的由來與背後思維，並分享自身帶領組織，走過谷底逆轉勝的決策經驗。秀慧在書中以口語化的文字，陳述問題的外在脈絡與內在獨白，提供讀者猶如走進現場細節般的管理學習，相當難得。

在本書中，秀慧用了六大主題，傳遞其在王品從業生涯中所經歷的制度化經驗，彙整這些管理經驗，讀者一定程度可以吸收到王品集團獨特管理模式的精髓。

王品餐飲集團自一九九三年創立迄今二十八年，創辦人與核心團隊以合夥的模式，加上差異化定位與效率化複製的執行力，在台灣餐飲市場上，創造出多品牌連鎖經營的成功典範。

究其組織管理的核心價值，首重誠信，誠信源自於重要資訊的透明度，而制度化正是資訊透明的基礎。除了公司從早期就是一本帳（老闆與第一線員工看到的是一樣的報表），其後如王品憲法（如「百元天條」、「非親條款」）與龜毛家族條款（諸多自我紀律要求），更是餐飲或傳統產業罕見的管理作為。

其次，則是以人為本的思維，將重要的制度設計充分納入人性的考量（如稽核制度與人資政策），以激發出夥伴的正向行為，共創個人與組織的雙贏。再者，王品的制度設計特別強調透過分享與讓利（或謂「類合夥」）的精神，建立自我驅動的成長發展，這不論是從二〇〇三年開始推動獅王創業制度，乃至後期推動的組織創業，甚至是二〇一五年發生經營危機後的成長激勵制度，都是藉由共創共榮的制度落實共同成長。

最終也是最重要的就是，以客戶為中心的管理思維。誠如秀慧在書中所提到的，她特別要求營運單位要照顧好兩種人：客人與同仁。事實上，王品能夠在台灣市場崛起，除了品牌的差異化定位外，從早期就清楚界定要用「菜色、服務與氣氛」三環，營造客戶的ＷＯＷ體驗。在本書中，讀者可以進一步透過秀慧經營「夏慕尼」過程，所遭遇到的客人服務場景與挑戰，更了解王品的客戶導向管理思維。

綜觀全書，除了理解王品的管理細節外，更可看到秀慧身為一個創業者的專業管理素養，以及作為一個專業經理人的創業家精神。她能善用財會專長，冷靜地面對營運面的危機；她也積極掌握內部創業的機會，快速學習從菜色研發到店面營運等原本陌生的專業能力；更能以誠信為本，建立團隊領導力。更令人佩服的是，她更具有如俠女般的義氣，能夠在公司最困難的時候，出面扛起執行長的重責大任，並在任務完成後，主動完成經營傳承。

優秀經理人，絕對是優秀的導師，而有效的管理作為常需要「先相信、才能看見」。感謝秀慧能在交棒之後，將她的管理信仰與實務洞見，無私地分享給更多後進晚輩，相信可以產生更大的影響力！

Part I

企業文化問題，我這樣解決

第1章

面對人生瓶頸，拋棄專業不留後路

沒想到，有一天我會鎖上那張會計師執照。

沒想到，有一天我會踏入餐飲界，還一手創立鐵板燒品牌，甚至後來組織創業的更多品牌。

加入王品那年，我三十二歲，然而在這之前，我卻來自和餐飲業大相逕庭的會計師事務所！

學生時代，我就知道自己喜歡數字和邏輯，高中時本來想念理組，但終究順從了父母的建議，選擇文組。大學填志願時，我猜想會計系應該可以整日和數字為伍，就這樣踏進會計之門，後來也順理成章地進入了大型會計師事務所。

我所在的審計部門，主要負責查帳、審核財務報表和公司制度系統，也因此得以接觸到百工百業，從貿易公司、電子產業，到營造機具產業、傳統產業皆有。我曾到百貨公司金庫盤點成堆的鈔票零錢；到鐵工廠盤點堆疊成山的廢鐵；爬上化學藥品工廠的藥劑桶盤點；甚至盤點過畜牧業的牛羊豬隻及冷凍庫裡的冷凍食品。

當時，我也時常扮演「救火隊」，自告奮勇支援其他事務所分所，有許多機會觀察不同行業的組織和制度設計，也有機會觀察不同經營者的言行風範，見證知名企業的大起大落。**這些經歷讓我知道不要過度相信表面的數字，要發掘冰山底下的問題，進而培養了發現問題、思考問題、解決問題的能力。**

拋棄耕耘了八年的會計師專業

四大會計師事務所是極度高壓的環境，當時每年幾乎都會有一半的人晉升，一半的人留在原位。當時年輕敢拚的我，除了周間上五天班，周末安排顧問工作，晚上還幫忙企業設計制度或寫狀紙，多元的歷練，讓我的職級和薪水都幸運地連年晉升。

無奈將近三十歲時，身體頻頻出狀況，一直無法如願懷孕，當時醫生對我說：「你只是壓力太大了，放輕鬆就好！」但我很清楚，自己只要一投入工作就不可能放鬆，這樣下去絕對無法兼顧家庭，於是我忍痛做出一個決定：離開會計師事務所！

決定辭職後我開始遊山玩水，果然不到半年就如願懷孕。王品也剛好在那個時候邀請我加入，但我並沒有積極回應，只是暗忖以王品當時的規模，我應該沒什麼發揮空間。過了兩年，在我懷第二胎時，王品又再次找上我，這一次戴先生提出的三個理念，深深打動了我：

第一，他希望餐飲業被看見，他想透過王品，提升餐飲業的整體形象。

第二，他希望是一群人一起創業，而不是一個人當老闆，公司也不會形成一言堂，他還說：「就算你自己開會計師事務所，也是校長兼撞鐘，要顧團隊又要接業務，什麼都要自己來。但是，王品有一整群的創業夥伴陪著你！」

第三，因為是一群人一起創業，未來王品不會形成家族企業，也杜絕了許多家族企業的弊病。當時，我認為民以食為天，「做吃的」應該有機會長久經營，只要懷抱熱情、用心投入，應該會有不錯的前景；而且我親自到王品門店用餐，也感覺得出門店確實很用心經營；和其中幾位主管談話，也能發現他們的想法和戴先生是一致的，沒有「老闆說一套、同仁做一套」的情形，讓我親身感受到王品同仁抱持的正能量，以及投身餐飲業的積極。

因為這些觀察和考量，讓我決定進入這間公司試試看。就這樣，我在三十二歲那年加入王品，第一份職務是財務長。可是，我立刻就後悔了！

不留後路，把會計師執照「鎖」起來

當時的王品只有七家分店，規模非常小，而且當時採多角化經營，同時經營野生動物園、金氏紀錄博物館、一品肉粽等事業，王品牛排只是其一。王品當時邀請我，乃是希望有財務背景的人幫忙整頓帳務、建構制度，以利未來推動上市。

當時公司沒有財務部，我加入後，財務部就從管理部獨立出來，但部門同仁大都不是財務背景出身，對財務幾乎都沒什麼概念。也因為如此，即使公司有賺錢，居然還會跳票！原因是公司委由外面的小型會計師事務所記帳，內部真正的帳務卻不清楚，我就是在這樣制度不健全、內控不佳的時期空降到王品，接下整治財務制度的任務。

過去在會計師事務所，同事大都是會計或財務本科出身，加上學經歷背景相去不遠，可以針對事務快速釐清處理；進入王品後，我才發現產業與事務所竟然落差這麼大！每逢發薪水、付貨款、結算報表的日子，財務部就一定會加班到三更半夜，而我又擔心同仁半夜回家太危險，還得把同事一個個送回家。

當時，我常對先生抱怨：「我覺得，我好像入了賊坑！公司的帳務完全沒有系統可言，同仁居然還在用手開支票、一張一張對帳，真是太荒謬了！」當時的我天天想離職，每天上班都覺得痛苦萬分。

過去在事務所，我只要負責稽核、提供專業意見，細節都是由其他人處理；真正進入產業後，每天面對的工作卻非常瑣碎，支票寄送遺失要自己去掛失，以前不需要經手的程序，現在都得事必躬親。我心中常常浮現一種聲音：「我怎麼會來做這些？我是不是應該回事務所？」

我一方面太有自信，覺得自己不該屈就於這些簡單又零碎的財務工作；一方面又不甘心，覺得自己比過去的同事矮了一截。除了自我懷疑，身邊也響起各種聲音，事務所的同事說：「早就說你適合待在事務所吧！而且哪有人明明有會計師執照還不用？」爸媽也抱怨我：「把你送去都市讀到大學畢業，你居然跑去做吃的！」

唯有先生，看見我的盲點。

他說：「你會待得這麼痛苦，就是因為你有後路——你有一張會計師執照！你會抱怨這裡不好、那裡不好，是因為你不怕沒有後路，才會一直比較。既然當初選擇離開事務所，就不要一直想著回頭路，不如給自己一年的時間，如果一年之後還是做得不愉快，隨時都可以離開！」

先生的話有如醍醐灌頂——就是因為我有「備胎心態」，所以沒有真正投入，去為當前在餐飲業遇到的問題設想解決辦法。原來，問題是出在我自己身上，後路並沒有帶給我安全感，反而讓我處處比較、三心二意。

從那天起，我就把會計師執照鎖進抽屜裡，不給自己留後路，而且更加認真面對工作、認真看待我在這間公司的角色，認清我不是「來上班的」，而是「來共同創業的」！

每周五由高階主管所組成的「中常會」，大家能說敢言，並建議公司從多角化經營走向聚焦餐飲，才能集中資源、有效管理，未來才有機會上市。戴先生當時還很不情願地說：「怎麼找你們這些人進來，一直叫我關這個、關那個！」整個重整過程，幾乎堪稱「砍掉重練」，但因為戴先生有相信專業的氣度，公司才確定聚焦王品牛排，專心經營餐飲業；而我也在重整過程中，協助將所有門店整合成一家企業，建構完整的組織制度，「王品集團」也由此正式誕生。

這段時間，我看見王品人的純樸與勤懇，看見同仁蹲在地上擦地板、洗廁所，看見他們對消費者的付出與服務的熱忱，讓我非常感動。還有那些不懂財務的主廚，一開始還會對我大小聲：「不要跟我講什麼財務報表，跟我說我賺多少就好了啦！」後來我發現他們個性直爽、毫無城府，而且非常熱愛分內工作，一心只想把料理做好，想把顧客服務好，更讓我非常佩服。

這些都是過去就在我眼前，卻被我視而不見的點點滴滴。鎖上會計師執照後，我才發現其實我可以身在其中，並且和夥伴一起創造更多價值。沒想到，一年前天天想離職的我，居然從此愛上餐飲業，愛上王品這間可愛的公司。

挑戰獅王創業，拋棄擅長的財務職位

二〇〇〇年左右，台灣景氣不佳，產業外移，王品的營運也面臨瓶頸。戴先生這時提出「醒獅團計畫」，原本只有「王品牛排」一個品牌，他希望推出多品牌，「喚醒」公司內部這些獅子，鼓勵大家出去創業，後來便陸續推出西堤、陶板屋、原燒、聚等四個新品牌。

二〇〇四年，戴先生問我：「公司需要創業獅王，我覺得你可以！要不要考慮出去創業？」當下我很震驚，一則以喜，一則以憂。喜的是我被老闆看見，欽點我出去創業，表示我的工作能力與潛力是被認可的；憂的是我是財務出身的幕僚，在事務所階段雖然對不同行業有一定程度的了解，但完全沒有實戰的營運經驗，戴先生的眼光未免太大膽！

「我真的可以嗎？」這個問題，我在心裡問過自己千百次。後來想想，公司敢投資我，為什麼我不敢投資自己？而且戴先生了解我的個性，他曾經說：「你一看就不像會計師！」或許，他覺得我在財務之外應該也能有些作為？或許他覺得我很適合走入營運？既然他相信我，為什麼我不敢給自己一個機會？於是我決定接受挑戰，就這樣單槍匹馬、獨自一人啟動新創事業，成為公司第一位女獅王。

接受創業挑戰時，我同時擔任總管理處最高主管兼財務長、稽核長，當時戴先生說：「我向來不幫任何人留位置，但你是女生，又是第一次創業，所以我會找人來接稽核長和總部主管，財務長的位置我會繼續幫你留著。」

我知道這是他的善意，畢竟我沒有營運和創業的經驗，但同時又覺得心裡不舒服——為我留位置，是不是覺得我不會成功？所以我婉拒他的好意，堅持財務長要有人接手，甚至還因為這樣起了一點爭執，聽聞風聲的中常會成員都跑來勸我：「幹嘛跟老闆吵這種事？戴先生幫你留位置，都是為你好嘛！」

然而，當時我早已打定主意，如果創業不成功，就義無反顧地離開王品。如果創業失敗又回到財務部，豈不是和自己培養的人才搶位置？而且即使回去，內心一定會留下失敗的陰影。後來戴先生拿我沒轍，接受我幫他找來的財務總監，但堅持要我掛財務長的職稱。我心想，這樣目的就達到了，接手的總監可以加入中常會做實質決策，我願意擔任掛名扛責任的角色。

回想這段過程，為什麼我會這麼堅持不留後路？因為我回想起剛進公司的那一段歷程，**唯有不留後路，我才能全力以赴。**如果沒有抱著不成功就離開的決心，或許就會更容易輕言放棄。萬一創業失敗了，我對不起公司，更對不起自己，這個臉我丟不起啊！

跳出舒適圈，心境轉折大不同

在旁人看來，從會計業投入餐飲業，和從財務幕僚挑戰創業，兩件事都是拋棄專業、不留後路；但對我來說，這兩個階段的內心轉折卻截然不同。

離開會計師事務所，進入餐飲業當財務長，對我來說只是專業的延伸，將過去經驗聚焦在單一產業，只是要做得很深入、很細節，甚至剛開始我還覺得把自己「做小了」。而且我很清楚要怎麼整頓企業財務、怎麼設計制度，轉換跑道的成功率是高的，甚至覺得這件事太簡單了。

但是獅王創業，對我來說卻是一場大冒險。我完全沒有營運經驗，根本不知道創業要做什麼，充滿著沉重的不確定感，身邊的人又不看好，而且深諳失敗率高，在這種壓力下做判斷，真的是相當大的挑戰。那段時間我每天抱著其他品牌的企劃書回家拚命研究，看人家怎麼做決策、怎麼培訓人才，認真程度簡直不輸當年考會計師執照，甚至壓力大到爆瘦好幾公斤！

此外，當初進入王品接財務長時，同仁都很期待我可以教他們怎麼做財務，甚至有同仁告訴我：「你還沒有進來之前，我一直想離職，因為公司賺錢居然還跳票，最後我被記過，卻還不知道錯在哪裡！聽到有一個會計師要來當我的主管，我真的好開心，因為我可以跟著你學！」

但是獅王創業籌組團隊時，同仁可不是用這種仰望期待的眼神，反而避之唯恐不及！因為當時公司採利潤中心制度，如果我失敗了、如果品牌不賺錢，就會影響到他們的收入，誰想跟著我賭一把？所以我到處碰釘子，被拒絕得遍體鱗傷，同仁都很怕我向他們開口，畢竟要拒絕我，也是一場天人交戰啊！

在別人看來，我的創業團隊就像雜牌軍，有萬年店長，也有其他品牌覺得不好管理的人，甚至是在公司幾進幾出的同仁，尤其是鐵板師傅，都要從外部找來培訓。但事後看來，我非餐飲出身的背景，加上這群夥伴的特質，反而讓我的新創品牌——夏慕尼更有個性，很多想法和做法都能打破框架。因為在創業階段四處碰壁，也讓我提早面對、提早學習，後來的路反而越走越順，更和這群夥伴建立起深厚的革命情感。

在不同的人生階段面對瓶頸，而必須拋棄當時熟悉的專業或領域，唯一需要的就是提起勇氣，大膽離開舒適圈。或許也是因為我的個性，在一個領域待久了，總會覺得有些無趣；後來想想，如果戴先生沒有讓我兼任這麼多職務，接觸不同的工作面向，說不定我真的會閒到發慌，甚至我猜想，如果一直待在財務部，說不定我早就離開王品了！

挑戰創業雖然惶恐不安，但公司是我安心的後盾，一個經營十多年、旗下坐擁這麼多品牌的公司願意投資我，人生能有幾次這樣的機會呢？當機會來到面前，那就勇敢接受挑戰吧！

所以，無論要做什麼事情，我都會想辦法昭告天下，例如向大家宣告我要創業、我要爬百岳，後來就真的達成目標，因為只要讓全世界都知道，就會有許多力量推著我把事情做好。我用行動昭告天下：**既然做了決定，就不要三心二意，留後路只會讓你頻頻回頭；沒有後路可退，你就會勇往直前！**

解決人生瓶頸，跨越不同專業的TIPS

一、在本職中盡可能大量累積經驗，培養發現問題、獨立思考、解決問題的能力。

二、對自己的選擇不留後路，才不會三心二意，畢竟一邊踩油門，一邊踩剎車絕對跑不快！

三、為自己的決定負責，不被外界聲音干擾，而是聆聽自己內心被忽略的聲音，才能真正勇往直前。

四、與其抱怨，不如找方法終止引發抱怨的來源，例如設定自己忍耐的停損點。

五、設定目標之後就昭告天下，讓來自內在與外在的力量同時推動你前進。

第2章
初次創業就放手一搏，拋開傳統與框架束縛

決定創業之後，我的首要任務就是「當個吃貨」。串燒、居酒屋、三角飯糰、泡菜鍋、義大利麵、平價牛排館、麵包……什麼都吃，一邊吃一邊想，如果是我會怎麼做？要推出什麼樣的產品讓顧客買單？**第一步，就是透過大量研究，找到我想投入的品類。**

後來，我發現鐵板燒或許是個選項，因為這是我喜歡的料理方式，把新鮮食材端到眼前，顧客可以現點現嘗，還可以欣賞師傅的鐵板秀。而且在考察過程中，我發現鐵板燒過去在台灣曾經幾度火紅，可見這樣的料理方式會受到民眾喜歡。

然而，當我把這個企劃提到中常會，卻掀起了前所未有的反彈聲浪，每個人聽到我想做鐵板燒，都紛紛搖頭，還有人說：「我在餐飲業待了十年，都不敢做鐵板燒，你完全沒經驗，居然敢挑一個最難的？」

因為沒經驗，所以沒包袱

經過了解，我明白了他們否定鐵板燒的理由。最主要的是，鐵板燒師傅的培訓成本高。後來我找來的鐵板師傅告訴我，他以前當學徒的時候，剛開始都只能在廚房洗菜、切菜，第一年師傅絕對不會讓他碰到牛肉，更遑論那些鐵板烹調的技術！傳統的師徒傳承，就是要花上許多時間慢慢「熬」。

為什麼鐵板燒曾經幾度盛行，又幾度消沉？我認為原因就在於師傅會「藏步」，不願意無私地分享技術，一代傳一代，所以絕活越藏越少；而師傅的技術不夠純熟，料理風味自然也會打折扣，結果就造成顧客流失。

雖然其他品類多少都有類似的問題，但鐵板燒特別明顯。因為一般餐廳廚房是靠團隊運作，但鐵板燒等於是師傅的個人秀，師傅站上鐵板檯，靠的就是他的烹調技術和人格特質。雖然久而久之，這些師傅會養出一群「鐵粉」，但同時也把市場做小了。

然而，非餐飲出身的我，其實並不這麼想。

師傅培訓的確不容易，但王品的強項不就是人才培訓嗎？加上我擅長制度設計和系統化，可以快速抓到重點，再拆解組合。只要把鐵板師傅的技術和動作都拆解成按部就班的SOP，再把王品培訓外場人員的模組「轉換」成培訓鐵板師傅的模組，不出幾個月就能完成培訓，也不用擔心師傅會「藏步」。

我心想，只要結合王品的優勢，並把師傅的廚藝培訓好，根本不用擔心把廚房搬到客人面前，接受客人的檢視！廚師本來就該呈現最好的一面，家庭主婦一天煮三餐，配菜天天都還會不一樣；然而鐵板燒套餐每天就煮這幾道，中午煮、晚上煮，三百六十五天做一樣的菜，怎麼會做不好？

面對中常會的反對，我反問他們：「十年前，你們也沒有餐飲經驗，為什麼還會做王品台塑牛排？因為沒經驗，不知道害怕，不覺得困難就去做了嘛！如果十年前你們都有經驗，還會選擇牛排這個品類嗎？」

雖然大家都覺得鐵板燒深具挑戰，但我認為只是需要拆解和轉換，如果運用公司的經驗和資源還是做不好，那就是我的問題了。最後，我說：「就是因為我沒經驗，所以我沒有被框架住、沒有包袱，我想法的邏輯可能和你們不太一樣，但我確實已經針對問題想出了解決方法，是不是可以讓我試試看？」

大家面面相覷，無話可說，這時候戴先生開口了。

「這是秀慧要做的，她喜歡的，也是她研究最深的。既然是醒獅團創業，就是由創業獅王自己負擔成敗，不妨讓她做做看，如果失敗了，她就回來跪給大家看！」

唯一支持我的就是戴先生，或許他知道我是財務背景的幕僚出身，在分析和決策時都有自己的邏輯和節奏感，但絕對不會魯莽行事。我相信他心裡不是沒有擔心，把狠話說在前頭，是為了讓大家服氣，同時也是告訴醒獅團，獅王要為成敗負最大的責任，我們的壓力應該比任何人都大。因為戴先生這句話，中常會終於同意我用鐵板燒創業。

自掏腰包，吃超過一百二十次鐵板燒

既然品類確定了，我就一個人到處考察鐵板燒。有一次，我一個人揹著背包，走進一間高檔的鐵板燒餐廳，突然感覺隔壁桌幾位貴婦太太一直打量我。後來，她們跑來問我：「小姐，你在等人嗎？他那麼久還沒來喔？」我說：「沒有，我一個人來用餐！」她們相當驚訝，覺得我一個女生來吃這種高檔料理很不可思議。我向她們解釋，我是為了開餐廳來做研究，她們就興奮地說：「以後可以找我們！我們也很愛吃美食！」就這樣，我多了一群愛吃的姊妹淘，她們還常常和我分享最新的美食情報，其中一位還是第一位踏進夏慕尼捧場的客人！

後來，我也帶著團隊四處考察，除了台灣，也到日本、中國、香港等地參訪，不同地區的鐵板燒真的各有特色。日本鐵板燒非常講究食材，尤其重視用鐵板烹調和牛，甚至有些鐵板燒品牌只做和牛，從產品到服務處處展現職人精神。中國的鐵板燒很善於變化，雖然廚藝的精緻度不若日本，但是會玩很多花樣，甚至有全部都是女性鐵板師傅的餐廳。

美國的鐵板燒和亞洲風格非常不同，更像是一場娛樂秀。他們的鐵板師傅很活潑，甚至會請顧客張嘴，把食材丟進去，相較於亞洲強調技術質感，美國的鐵板燒則是追求互動的趣味。

那段時間，我和團隊每趟出國都是從早吃到晚的鐵人行程，晚上回到飯店還繼續討論到半夜，大家興致都很高昂。除了鐵板燒，我們也會考察法式料理、甜點店，甚至是各類排隊名店，觀察那些餐廳的特殊性，以及未來要如何放到我們的產品和服務裡。

前後加總起來，我自己大概就吃了一百二十次以上的鐵板燒，有的名店甚至去過八次，自掏腰包花了一百多萬。即使是同一家店，我每次去的目的也都不同，一開始是觀察品類，後來是觀察技術、設備、動線、發掘人才，有時候也會觀察師傅怎麼和顧客互動，甚至有時候會故意和隔壁的客人聊一下。

同時，我也會直接向鐵板燒師父請教，而且我會很真誠地告訴他們：「雖然未來我們會是競爭者，但是我們一起把鐵板燒的市場做大，對你我都有好處！」很多師傅也因此很願意分享經營的眉角。

同時間，我也開始物色鐵板師傅，和營運、品牌團隊建構品牌風格。過去台灣流行日式鐵板燒，而我們希望做出不一樣的法式鐵板燒，走清新浪漫、人文優雅的風格。很多人對鐵板燒的印象，都停留在燈光昏暗的包廂、有油煙味、價格門檻高；因此我決定改善這些讓消費者反感的地方，讓空間寬敞、清新明亮，採最低價位九百八十元，一般上班族都吃得起。走到這裡，夏慕尼新香榭鉄板燒的輪廓越來越清晰。

法式鐵板燒，是傳統，也是創新。傳統的是鐵板燒這個品類，台灣民眾非常熟悉；創新的是融合法式料理，這樣的風格，一般人沒有體驗過，會勾起他們的好奇心。但傳統與創新，有時候也需要平衡與拿捏，例如鐵板燒的炒飯。

一般鐵板燒都會做炒飯，因為鐵板是平的，能讓米飯粒粒分明。但研發菜色時，就有人說，「法式料理哪有人在做炒飯？」也有人反駁，「鐵板燒怎麼可以沒有炒飯？」後來，主廚絞盡腦汁研發出櫻花蝦炒飯，在傳統的炒飯中，運用令人驚喜的食材搭配，這道菜到現在都是夏慕尼的明星產品。

面對傳統與創新的拿捏，我認為領導者的視角應該要有一定的高度，不要過度陷入正在做的事情本身。觀察消費趨勢、了解不同族群的喜好，留下傳統中美好的部分和消費者喜歡的優點，同時改善消費者不喜歡的缺點。而且我善用團隊，接受開放多元的創意，才能創造出櫻花蝦炒飯，不僅滿足老鐵粉，也吸引沒吃過鐵板燒的人。

從Only one變成Number one

挑戰別人不做的鐵板燒，除了是我自己喜歡的品類，也有我深思之後的策略考量。我心裡很清楚，有些品類的技術門檻不高，確實比較好做；但這也代表品牌成立後，未來每天都要在戰場上和人廝殺，我打得贏嗎？

我認為應該要做技術門檻高、投入成本高的品類，鐵板燒的市場雖然比火鍋小眾，但是競爭程度也較小、更有發揮創意的空間。我寧願創業階段辛苦一點，在前期把團隊經營和餐飲營運的經驗學起來，這樣至少未來就不用天天打仗。

後來我輔導過很多新創團隊，看過很多創業者的成功與失敗，再回頭檢視我自己創業的歷程，我認為一定要有放手一搏的決心，問自己：「**我真的準備好要做這件事嗎？**」成功不一定有方程式，但只要準備好全心投入，幾乎沒有做不到的事。同時，一定程度的「壓力」，不管是經濟的壓力、面子的壓力，這些壓力也會成為突破與改變的助力。

尤其有些人選擇的創業類型，不是自己的本業或專長，失敗率確實比較高，就像我也沒有餐飲經驗，但一定要善用他人的技能、善用團隊的力量，就會提升成功機率。一開始不被看好的夏慕尼能走到今天，正是團隊給我力量，如果只有我一個人，這條路絕對走不長遠。

夏慕尼開業後，第一年並沒有爆紅，雖然業績緩步成長，但離我預期的目標還有一大段距離。那一年，公司內部掀起很多檢討的聲浪，有人提出應該把夏慕尼收掉，甚至有人說：「秀慧明明是幕僚，看她把總部管得多好，居然把一個人才放去做營運，簡直是大材小用！」

但我很清楚，坐上牌桌的是我，要對成敗負責的也是我。就在那樣龐大的壓力下，我更積極地規劃各種行銷活動和異業合作爭取曝光，也陸續得到顧客的好評，讓我對產品和服務充滿信心，就這樣經過一年的淬鍊，夏慕尼終於由黑翻紅，交出亮眼的成績。

所以我認為，**創業不追求一時的爆紅，因為爆紅之後很可能會面臨急速萎縮。**創業更需要的是忍耐與等待，找到問題點後一一改善，用自己的節奏耐心前行，就算一時失敗也不要害怕，早點跌倒就能早點避開路面的顛簸，絕對不要輕言放棄。

從餐飲菜鳥挑戰創業，到後來開出十六家分店，創造將近十三億的營收，夏慕尼新香榭鐵板燒是我向傳統學習，但不受傳統束縛的自我挑戰。做別人不做的鐵板燒，我相信如果以Only one之姿做得起來，有一天我就會成為Number one！

解決傳統與創新兩難的TIPS

一、在決定創業之前多方學習考察，找出各項產品與產業的優缺點，才能做出全盤評估。

二、用打破框架的邏輯思考，說服反對聲音，挑戰別人眼中的不可能。

三、傾聽消費者聲音，留下消費者喜歡的、改善消費者反感的，讓大眾熟悉的事物呈現嶄新姿態。

四、成功沒有方程式，創業需要放手一搏的決心，也需要不急於一時的忍耐與等待。

第3章
杜絕人情請託，連董事長都不容例外的條款

身為高階主管，時常會面臨各種人情壓力，有人想介紹親朋好友來上班、有人想介紹廠商和公司合作、走到哪裡都有人把履歷塞給我……，這些問題也曾讓我傷透腦筋。

不說別人，就連爸媽也曾親自拜託我：「秀慧啊，我們那個某某親戚的小孩也是念會計的，你是公司的高階主管耶，能不能幫他隨便安插個什麼工作？」

當下我非常為難，只能支支吾吾，不能答應，也不敢立刻拒絕。我心想，介紹親朋好友進公司，我也不好意思管；如果介紹給其他單位，同仁知道是我介紹的，他怎麼好意思管？這種情況真的太尷尬了！

當然我知道，除了我備感壓力，受人之託的父母絕對也有壓力。我只好向他們解釋：「如果每位同仁都把他的親朋好友帶進來，這間公司要怎麼管理？過去我在會計師事務所看過那麼多案例，我很清楚，管理失衡及關係交易都是這樣搞出來的！」

還好，公司為了不讓同仁為難，在王品憲法和龜毛家規[1]中，清楚明訂了「非親條款」及「禁

止關係人交易」：

同仁的親戚禁止進入公司任職。

公司不得與同仁的親戚作買賣交易或業務往來。

除非是非常優秀的人才，否則勿推薦給你的下屬任用。

除非是非常優秀的廠商，否則勿推薦給你的下屬採用。

明定這些規範是為了禁止裙帶關係，也讓同仁在營運中不會綁手綁腳，擔心那個新人是主管的親戚而不敢管理、擔心那個廠商和主管關係好而勉強採用，在新人訓練時我都會耳提面命。

這些條文的重點是規範上司節制權力，並讓部屬好做事，也就是約束高階主管不能去為難下屬。所幸有公司這些明文規範，爾後我再遇到類似情況，只要直接把公司條文搬出來，就不必再設法找藉口，真的省了很多麻煩！後來父母遇到有人拜託，不但會幫我解釋，甚至會直接幫我推掉：「他們公司真的不是家族企業，用人都要走正常管道啦！」

就連在銀行任職的先生跟我說：「我們經理知道你在公司當財務長，他想找個時間去拜訪，可以嗎？」我都立場堅決地推掉：「還是不要比較好！你的主管會這樣提議，一定是希望我們公司跟你們銀行進行更多資金和業務往來，如果我沒有同意合作，或合作過程彼此有抱怨與糾

1 全文可參考王品網站：https://www.wowprime.com/company_4.html

紛，我們兩個不是會很難做人嗎？既然有這樣的可能，乾脆不要合作；既然不要合作，乾脆請他不要來拜訪，不是嗎？」

我知道銀行業務向來透明公開，很難讓人質疑會有圖利自我的問題，但我的想法是，只要踏出第一步，想收腳就很困難，與其未來產生可能的困擾，不如從一開始就不要接觸。而且既然公司明訂條文，高階主管更應該恪守，即使是介於模糊地帶的形式獨立性問題，都需要以高標準界定！我相信，**同仁其實不在乎主管說了什麼，而是在乎主管做了什麼，冠冕堂皇的話說再多，言行不一也是枉然。**

連董事長都不容例外的準則

但老實說，即使明訂條文，有時候還是會有人誤觸。我擔任財務長時，有一年公司籌辦尾牙，費用裡竟然出現一張買布的帳單，抬頭寫著「三勝製帽」！我心想，這不是董事長哥哥的公司嗎？我連忙把同仁找來詢問：「怎麼會發生這種事？公司明明禁止關係人交易，為什麼你們看到帳單都沒有反應？」

同仁當下支支吾吾說不出話來，經過我多方了解才知道，一開始採購部依正常比價程序後，發現三勝製帽的費用確實最低，因此向對方採購。財務部看到單據後，因為一切程序正常，雖然知道是董事長哥哥的公司，也不敢說什麼。我立刻拿了帳單直接去找戴先生，他知道後非常生氣，原來他根本不知情，而且斬釘截鐵地說：「以後再發生這種事情，就由在公司內部的當事人直接支付交易款項！」說完，他也當場開了一張支票，親自付清這筆貨款。

公司明訂的各種條文與罰則，通常是為了解決同仁工作上的困擾，這些立法的初衷、中心思想和原理都要讓同仁清楚知道，明文規定後，大家就有依循的準則。隨著組織成長，制度規範也會隨之越來越詳盡，也會因應實際發生的特殊個案，修訂得越來越完善，就像非親條款後來也修訂成只適用於五職等以上，基層同仁不在此限，因為其設立初衷就是不希望造成管理上的不公。最後，就要在公司內部廣為宣導，並且徹底執行，如果連董事長都以身作則、沒有例外，以後誰還敢犯規？

一次的例外，等於永遠的例外

連董事長都沒有例外，和我關係再親近的同仁當然也沒有例外。某一次，一位和我非常要好的研發主廚，剛好就誤觸了非親條款。

那天我到某間門店，聽到大家聊起某位同仁時說：「因為他的姐夫，是他品牌隔壁店的主廚啊……」我聽到這個關鍵字，馬上驚覺不對，立刻插話問，「什麼姐夫？公司有非親條款，你們不知道嗎？這是怎麼一回事？」同仁才一臉無辜地回說：「我們以為你知道耶……我們以為是因為研發主廚很紅，所以你才沒有懲處他。」

我瞪大眼睛，簡直不敢置信，「我根本不知道這件事！而且我不會因為跟任何同仁關係好，就破壞公司的文化和規範！請經理和研發主廚直接來找我，我要立即了解這件事！」

原來，研發主廚接手該店的時候，那位同仁早就已經在公司上班了，他也認為那是前人招聘的，並不關他的事，當然也不想得罪其他同仁，因此完全沒有主動回報。我反問，「你明明知道這樣違反公司文化與規範，居然選擇睜一隻眼、閉一隻眼，如果大家都這樣，公司的條文不就形同虛設？」

當下我就要求他寫自白書，並且到中常會和獎懲委員說明。他急著說：「明明不是我造成的錯誤，我也要受罰，還要去中常會報告嗎？難道不能有一次例外嗎？」

我很堅持地說：「**一次的例外，就等於永遠的例外！**因為你明知而不作為，而且所有同仁都以為整件事情是經過我的默許，你知道這對公司文化有多大的傷害嗎？如果今天我和你比較好，就默許這件事；那明天我和別人比較好怎麼辦？你願意跟這樣的老闆嗎？或許你覺得我太嚴格，但企業經營考慮的是大我和整體，不是個人！」

後來，兩位同仁都記申誡一支，因為親戚只能有一人留下，另一家店主廚的小姨子便決定離開。事後，研發主廚對我說：「原來我們公司真的和外面不一樣，每個條文都是來真的！」

身為主管要考慮的是大我，不是小我；懲處同仁，我也會不捨，但絕對不能因為個人情感的小我而傷害大我。這個決策過程確實經常面臨掙扎，但只要主管清楚向同仁傳達決策的考量，知道主管是在做對的事，同仁不僅能夠理解，而且也會更加信服。

實質上獨立，大於形式上獨立

面對企業規範，身為高階主管應該比同仁更加以身作則，並同時要兼顧實質上的獨立性與形式上的獨立性，才能做到面面俱到，並讓同仁與夥伴信服。然而，當制度推動面臨形式獨立性受到質疑時，該怎麼辦？

在我兼任人資長時，為了鼓勵同仁多元學習，並創造多元舞台，我開始推動「內部徵才」，也就是公司有職缺時，先開放同仁申請轉職。當時有一個負責招募與建教合作的職缺，便成為內部徵才的首次嘗試。沒想到消息公告後，第一個來申請的竟然是我的祕書！

她對我說：「Annie，我當你的祕書也有一段時間了，我覺得自己不可能一輩子都當祕書，剛好看到公司內部徵才的公告，我很想去試試看！」

當下我心想：「完蛋了！我第一次推內部徵才，第一個報名的居然是自己的祕書！」我這麼愛惜羽毛，其他同仁知道了會怎麼想？會不會覺得「因為她是Annie的祕書、因為是Annie擔任人資長，所以她才有這個機會」？無論她實際上有多優秀、有多努力，也抵不過悠悠之口。

但我馬上念頭一轉，我知道其實這是我的道德潔癖作祟。祕書並沒有錯，而且她有上進與學習的企圖，值得讚賞與鼓勵，依照公司制度，她本來就有權利來爭取啊！而且公司鼓勵人才多元發展，我也一直告訴她要多元學習、要有企圖心，她不就是在實踐這件事嗎？

雖然我很掙扎，但看到她這麼上進與不畏挑戰，我怎麼能用我的道德潔癖來阻礙她？總不能因為怕大家說閒話，就故意卡住她的發展吧？我應該尊重她，而不是傷害她，既然如此，就做我該做的，問心無愧就好。

經過一番思考後，我坦白告訴她，「你有這樣上進的想法與企圖心，我覺得很棒，也很替你感到開心，這的確是我一直以來希望同仁具備的心態，但是有件事一定要先跟你說明，雖然『實質上』我鼓勵你去爭取，但『形式上』一定會有人非議。所以我會迴避這次的評審，也會告訴人資部，讓其他主管去評估你的申請，請他們依照正常程序處理。而你也一定會面臨競爭，我也無法特別照顧你，一切就靠你自己好好表現，加油吧！」

後來，她真的錄取了，經過在人資部門幾年的歷練，證明她真的是一位好人才，離開公司後也有很好的發展，現在已是一家準備上市櫃公司的人資副理。直到現在，她都說要感謝我當時鼓勵她轉換跑道。

面對各種人情關係，我向來都用客觀的制度來避免主觀的不公，而且絕對以身作則、無一例外。然而，當遇見客觀制度無法規範的特殊情境，「實質」上的獨立便大於「形式」上的獨立性，**只要堅守規範背後象徵的精神——把大我擺在小我之前，就永遠不怕引人非議。**

解決人情壓力與裙帶關係的TIPS

一、面對可能造成管理不公的人情請託，以公司條文明確規範，避免造成同仁的困擾。

二、明訂條文後，必須廣為宣導、徹底執行，讓同仁了解立法的原理與初衷，而且從基層到高層全部無一例外。

三、所有判斷都必須有前瞻的遠見，一旦評估將來有可能會造成困擾，那麼從一開始就不應該接觸。

四、不因小我傷害大我，不因個人的情感或考量而破壞公司文化，因為一次的例外就等於永遠的例外。

五、主管以身作則，才能贏得同仁信服，因為同仁其實不在乎主管說了什麼，而是在乎主管做了什麼。

六、不因個人的道德潔癖影響制度推動與同仁發展。

第4章

從簽帳到避稅，用制度樹立正直精神

從事餐飲業二十多年，我深知建立企業文化大不易，摧毀企業文化卻是輕而易舉。直到現在，有時候協助輔導投入餐飲業的年輕團隊，聽他們談各種營運上的困擾，我仍不免驚訝，他們口中的問題，我早在二十年前就用制度解決了！

從事餐飲業，一定不乏各種社交互動，主管攜家帶眷、呼朋引伴來光顧自家餐廳，幾乎是家常便飯。這些行為本身沒有問題，問題在於，這些交際背後的成本有沒有上限？有沒有明確的判斷標準？如果沒有，會怎麼影響同仁觀感、怎麼讓同仁好做事？

我曾經聽過一個案例，是幾個朋友合夥開餐廳，每個合夥人或公司主管都會各自帶朋友來吃飯。剛開始，他們覺得餐廳是自己開的，適度的交際無可厚非；但後來發現，營運成本怎麼比預期還要高？店鋪同仁只好反應，「因為某某主管常帶人來吃飯。」

於是，幾位合夥人商量之後，為了讓店鋪同仁好做事，決定改成簽帳。沒想到，問題並沒有解決，因為大家嘴上不說，但心裡開始互相比較，認為有人常帶朋友來吃，有人一個都沒帶；

常簽帳的合夥人也認為，他是為了談公司業務，而非出於私人交情或占公司便宜，但最後總是導致有人覺得不公平。

後來，為了做到公平，他們又決定設定簽帳限額，每人每月不得超過兩萬元。沒想到，有人覺得自己的額度沒用完太可惜，便努力想辦法把它用完，竟然在門店拿紅酒外帶來抵銷額度！同仁看在眼裡，私底下全都議論紛紛。

聽完這個故事，我驚訝地問他們：「你們怎麼到現在還會有這個問題？為什麼要設一個制度去考驗人性的貪婪？」從賒帳到簽帳，又從簽帳到設定限額，其實都只是在處理表面問題與「日常旋風」，**每次發現一個問題，就急著解決，但往往只解決問題的表面，而不是問題的根本。**

老實說，這樣的問題在餐飲業很常見，早在二十幾年前，我們公司就做了一個很清楚的決定：任何人到營運現場吃飯，一律在門店當場買單，連董事長也一樣，而且折扣比照顧客，最多一律九折，沒有任何例外。如果因業務需求需要報帳，則須索取發票回公司申請，交際對象和金額都要記錄清楚，並依核決權限由主管判斷審核，加上每個月公告，讓一切公開透明。

這樣做的好處是，門店同仁非常好做事。因為不用簽單，無論誰用餐一律買單，也不會讓同仁覺得高階主管就有差別待遇，門店標準始終如一。而且，大家不用比來比去，比誰帶的人多、比誰簽帳金額高。

就像公司有一條福利規定，同仁生日當月，可以在他服務的品牌免費用餐一客，當時有人建議只要門店註記即可，無需再增加買單、申請核銷、撥款等行政作業；但是制度的公開透明可以減少未來問題的發生與糾紛，所以後來規定同仁生日當月用餐，也一樣要先行買單，再拿發票向主管申請核銷。

如果不是正常業務交際，核銷過於浮濫，被公告的當事人一定也會不好意思；如果是主管想做濫好人，同仁請款他就簽，大家也會看在眼裡。我認為，**就算交際應酬是幫公司談生意，但實際上永遠有灰色地帶，公私不分就會帶來不公平的爭議；與其如此，不如讓一切公開透明，用一視同仁的標準，樹立企業的正直精神。**

不為省錢而避稅，拒絕擦邊球文化

誠實、群力、敏捷、創新，是王品的核心價值。把誠實放在第一，勉勵王品人「誠」以待人，「實」以律己，這是我們對同仁的期待，也是我們對顧客、對社會的承諾。然而這樣的堅持，其實也讓公司付出不少的代價。

二〇一三年一月一日，二代健保正式上路，前一年我正兼任公司的人資長。通常因應新規範的前一年，相關部門必須開始研擬後續的配合與運作，當時人資部的同仁就提出：「二代健保明年就要實施了，今年的年終獎金要不要挪到十二月底提前支付？聽說很多產業都這樣做，新法實施首次的這筆錢就可以省付二代健保的支出，可以幫公司省下大約三百萬左右喔！」

這筆金額對雇主來說，確實是一筆不小的支出。我的內心確實很心動，但也很掙扎，後來，我在心裡撥完算盤，還是斬釘截鐵地對同仁說：「不可以！」

「雖然人資單位幫公司省錢是對的規劃與作為，我也很感謝你們替公司著想；但是公司二十年來，都是在次年度一月發放同仁年終獎金，今年忽然提早到前一年的十二月，同仁不會覺得很奇怪嗎？這樣做，雖然省了一年的二代健保費，但同仁會不會覺得，公司在和政府玩擦邊球？」

同仁聽了我的解釋，一時間還是無法接受，他們覺得自己是在幫公司省錢，為什麼不對？而且很多公司都這樣做。我認為，這件事情涉及到企業文化和我們一直以來堅持的價值觀。

「我寧可多繳一些稅，也絕對不要讓同仁覺得可以和政府玩擦邊球。因為有一天，同仁也會覺得可以和公司玩擦邊球，這和我們的企業文化是不相容的。不是你們的方案不好，也不是你們幫公司省錢不對，是我必須考量公司的文化和價值觀，所以我們不會提早發年終獎金，除非以後全都改成前一年度的十二月底發放年終獎金，不然的話，這筆錢不用省沒關係！」

建立企業文化與價值觀，需要長時間的點滴累積與堅持，但卻可能因為一個小小的錯誤決策或事件破壞殆盡。當同仁忽然提早收到年終獎金，一定也知道是怎麼一回事，公司與主管怎麼想、怎麼做，其實同仁都看在眼裡。或許他就會想，自己是不是也可以做類似的事情，反正都是在幫公司省錢，而且公司也看不到，但如果因此而傷及品質、傷及消費者、傷及長遠口碑，都是不對的。

高階主管做決策時，為什麼時常面臨兩難？因為一端是利益和數字，一端是品質和企業文化。但為了利益摧毀品質和企業文化，甚至是經營初衷，值得嗎？即使今天省了幾百萬的稅，企業文化和同仁的價值觀卻因此偏差，豈不是損傷更大？而這些才是用再多金錢都買不到的寶藏。

一間企業的「價值觀」是什麼？我認為，**當所有同仁的價值觀一致時，碰到事情的第一個反應就會是一樣的，也就是形成相同的「行為模式」**。如果能讓大家的行為模式一致，例如追求顧客滿意度、追求料理品質、不貪瀆、利益迴避，就算有三、四百家連鎖店，也根本不需要耗費大量的心神管理。

管理是需要付出成本的，管理越多，成本就越高；但如果讓這些企業文化點點滴滴融入同仁的心，他就會發自內心形成不自覺的行為模式，就算遇到什麼特殊狀況，也根本不用擔心他會做出違背公司理念的決定。

而且，企業文化和制度不是用來要求同仁而已，更需要主管負責貫徹。例如王品的龜毛家規規定：「遲到者，每分鐘罰一百元。」這筆罰金是放在公基金，請同仁喝飲料，高階主管也沒有例外。主管的一分鐘和同仁的一分鐘都是相同的時間成本，大家一樣公平，**當所有人共享著同樣的價值觀與行為模式，同仁就不需要事事請示主管，或是時時揣摩上意。**

杜絕簽帳和交際文化、不和政府玩擦邊球，都是因為我相信任何一個決策，千千萬萬不能損害你的初心，更不能與企業的價值觀相悖。即使這個決策很困難，即使會造成許多有形的可觀損失，我們也應該為了背後無形的信念與精神，勇敢地堅持。

解決考驗人性的問題制度，確立共同價值觀的TIPS

一、建立企業文化難如登天，摧毀企業文化卻輕而易舉。
二、用制度解決問題的根本而非問題的表面，不要用制度考驗人性。
三、主管到門店消費的折扣等同顧客和基層員工，讓門店標準始終如一。
四、讓同仁價值觀一致，就會形成一致的行為模式，減少管理成本。

第5章

從體重到血壓，連「關心」都設立SOP

從事餐飲業，「吃」就是我們的工作之一，如果沒有適時控制與照顧，身體就容易出狀況。因此，關心同仁的身心健康，也是王品重視的企業文化。唯有照顧好同仁的身心，大家才有體力和心力端出美味料理，提供滿意服務，且擁有愉快的職場生活。

在我要離開公司時，有位部門主管還特地向我道謝：「Annie，有件事我要謝謝你！因為你改變了我的生活習慣，讓我的身體變健康了！」當下我還一時意會不過來，想著我有做什麼嗎？

原來，有一次我從血壓紀錄表中發現，這位部門主管的血壓超標，就在部門主管會議中特地提醒他，「你進來公司這一、兩年，好像變胖了不少喔，而且近期你的血壓紀錄，已經有兩次過高，真的要多注意身體、多運動，最好也去醫院檢查看看唷！」

這位主管說，他自學生時代成績與表現向來優秀，很少因為表現不佳被糾正，更從來沒有人指出他的身材問題，出社會後也從來沒有主管提醒過這件事，讓他覺得很感動、也很不好意思，所以下定決心開始運動。

這位主管不僅開始跟著我跑馬拉松，也和我一起爬了幾座百岳，後來我們甚至組隊騎單車，遠征青海湖。他告訴我，「我太太說，為了要我運動，她罵了我好幾年都沒有反應，想不到Annie一說，我就養成運動的習慣，而且居然還可以參與三鐵！她也說要好好謝謝你！」

關心同仁的健康，可不只是為同仁量血壓而已，畢竟很多公司都有設計定期健康檢查的制度；但是如果只有量血壓，沒有後續作為，那就只是做半套，同仁還是一樣不會照顧身體。所以除了趁每個月的聯合月會，店長主廚都回到台中總部開會前，先幫大家量血壓外，還會由管理單位記錄數據並輸入電腦，將血壓異常者列出清單，由該名同仁的直屬主管負責關懷與提醒注意。

擔任夏慕尼總經理時，我只要負責與關懷夏慕尼的同仁；擔任執行長後，要關心的品牌事業與同仁大量增加，每次聯合月會的與會同仁有六百多人，於是我也讓這樣的追蹤關懷制度化。首先，請管理單位統計出血壓超標、出現紅字的同仁名單，請他的單位直屬主管負責關懷；連續兩個月出現紅字的，就由總部的管理單位致電關懷；連續三個月出現紅字，就要把名單交給我，我會請祕書致電關心；如果連續四個月紅字，或六個月內有三次紅字，我就會親自出馬打電話了。

同仁剛接到我的電話都不敢置信，惶恐地說：「執行長的工作這麼忙，怎麼會親自打來關心我？這種小事情，不用特別打來啦！」

除了驚訝之外，他們通常還會很感動，覺得主管這麼關心他，同時他也會產生壓力，開始主動設法改善健康狀況。這樣的電話只要打過一兩次，之後根本不需要我開口，同仁一遇到我就會主動回報說：「Annie，我已經去看醫生了，有吃藥控制，你不用擔心啦！」

誰是「大美女」？
從送禮到傷病的通報機制

除了追蹤同仁的血壓狀況，就連婚喪喜慶的紅白包、送花及出席，我也透過「同心圓」的概念，以系統化設計相關規範並落實執行。當我管理夏慕尼時，和我最親近的是經理及研發主廚，再外層是店長主廚、代理人、一般幹部，再外層則是基層同仁，我會依據這個同心圓，設計婚喪喜慶如何處理，禮金的設定、是否親自出席，還有送花、電訪等。

例如經理、店長主廚家中有婚喪喜慶，

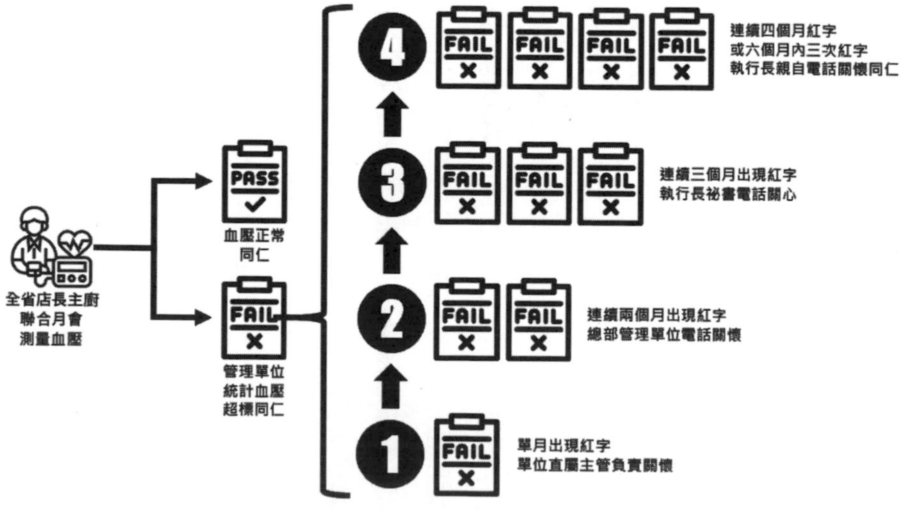

圖 1.1　對同仁健康的關懷機制（製圖／趙胤丞）

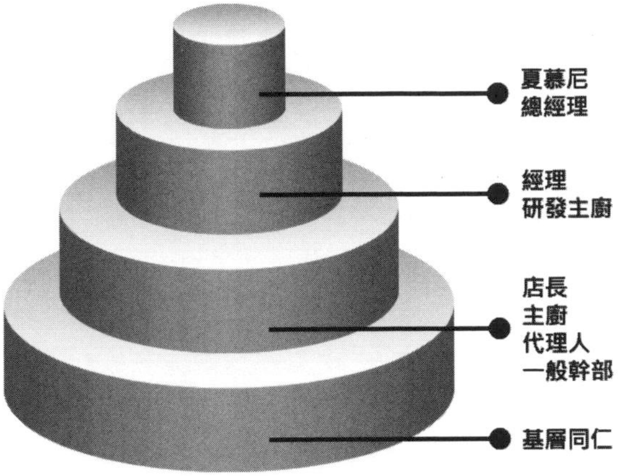

圖 1.2　用同心圓概念排定關懷順序（製圖／趙胤丞）

我會親自出席；若是他們的直系親屬住院或發生意外，我則會致電、親訪並送花，並再次確認出院事宜。而且我通常更重視住院、喪事相關，若是任何一位同仁不幸身故，我一定會親訪。當依據這個同心圓，把相關事件排成一覽表，形成制度後，就很方便祕書快速處理，不用一一請示。當然，例外與特殊情況，則另外判斷決定。

這個概念，不僅能用在日常行程的管理，也可以用在企業經營。我在不同職務任內，皆習慣訂出明確的「通報系統」，例如夏慕尼時期訂出的「通報系統」，主要區分同仁、營運、重大異常三類，也就是發生哪些事情一定要通報給我。例如：任何一位同仁結婚、生子／女，或受重大傷害、住院、死亡；客訴電話超過三通；重大的公安、食安事件；任何同仁有道德問題；受到恐嚇勒索；有廠商對同仁有回扣暗示……等等，都必須「第一時間」通報

通報系統

同仁篇：（由店長直接回報Annie）

一、任何一名同仁受重大傷害＆意外
二、任何一名同仁住院
三、任何一名同仁不幸死亡
四、全職以上同仁直系家屬住院（父、母、孩子、老婆／公）
五、店長與主廚以上二等親以內血親死亡
六、同仁結婚、生子／女
七、0800 超過三通以上
八、本人不克參加 Annie 召開之會議、經營會報、王品家族大會、聯合月會或其他重要會議

其他篇：（由店長→區經理→回報Annie）

九、 任何同仁道德問題
十、 重大違規事件，有可能需要被懲戒之程度
十一、廠商對同仁有「回扣暗示」之情事時
十二、店鋪因故不能營業或有停業之虞（任何天災、自然與不可抗力因素及非天然因素）
十三、連續三日滿意度低於89分
十四、該日店鋪現場重大顧客抱怨
十五、店鋪重大公安、食安、公關事件
十六、被恐嚇勒索
十七、店鋪財物被搶被偷
十八、與廠商糾紛，情節足以傷害到店鋪、公司名譽
十九、中常會主管來店用餐的重大意見與建議
二十、其他（報喜、報憂、判斷要與大美女分享……）

以上，第一時間回報給 Annie

圖 1.3　通報系統範例

讓我知道。

無論是追蹤血壓、婚喪喜慶或是通報系統，都是讓經常發生的日常事務形成制度，同仁就很清楚哪些事情必須讓我了解掌握；同時，我也不需要時常掛心有沒有遺漏，因為透過制度的層層分級，即使執行長的工作繁多，經過事業處主管、總部功能部門、我的祕書，真正需要我親自處理的事務比例就變得很小，不但減輕我的工作量，又能將我的關心確實傳遞給同仁。

也因為有這樣的通報系統，曾經發生過一個笑話。當時有位同仁剛進公司一周就發生車禍，他的主管根據通報系統告訴我，我馬上致電關心，但其實當時我們還不太認識彼此。因為公司同仁習慣稱我「大美女」，所以電話接起來，我就說：「你好，我是大美女，聽說你出車禍，身體還好嗎？」結果同仁一頭霧水地說：「你是哪位？誰是大美女？」我才知道原來他剛進公司，只好先自我介紹「大美女」是何許人也！

或許是過去在會計師事務所的訓練與兼任多項工作，習慣讓事情形成系統自然運作，避免發展成日常旋風而忙於補救。**凡遇到一次性發生的問題，就一次解決，之後就不再管它；遇到經常性發生的問題與事件，則一定想辦法讓它形成系統，自然循環運作，尤其連鎖店的管理更應如此。**

從五佰壯士到馬拉松選手

除了透過量血壓和通報機制關心同仁健康，我也會思考如何讓他們在平時就發自內心，主動注意身心健康。後來，當我看到夏慕尼的「五佰壯士」，我的靈感就來了！

「五佰壯士」是五位體重超過一百公斤的同仁，當時我在經營會議前搬了一台體重計到會議室，告訴他們，「我跟你們對賭！由你們自己設定目標，多久時間要減多少公斤，如果你們達標了，我就請與會同仁吃大餐；如果沒有達標，你們就請大家喝飲料！」

我的想法是，**主管每天碎碎念，同仁也未必會聽，不如透過遊戲，讓他們自行設定目標，而且其他同仁會一起督促他們。況且，這不只是一個遊戲，還是對個人和公司都有正面影響的行動。**

因為我每年都會帶同仁去不同的餐廳考察，希望大家跟上最新的餐飲趨勢，觀摩業界發展，打開學習視野，也透過聚餐凝聚團隊感情。所以，請所有店長主廚吃大餐，是我「本來就要做的事」，我只是把它透過遊戲包裝起來；而對「五佰壯士」來說，他們會更有壓力與動力，因為他們減重成功，大家才能享用大餐；對其他店長主廚來說，為了吃大餐，他們就會一起督促「五佰壯士」，彷彿他們的健康已經成為團隊共同的目標！

最後，「五佰壯士」真的成功控制體重，同仁們當然有機會一飽口福。而且，遊戲是一時的，更重要的是他們因此養成了運動的習慣，直到現在，我還曾在馬拉松的隊伍中，發現某「五佰壯士」的身影！

解決同仁健康問題，打造系統性關懷機制的TIPS

一、透過職權分級，設計關懷制度，追蹤同仁的健康狀況，就可以避免遺漏，同時確實傳達關心。
二、以「同心圓」的概念，連婚喪喜慶也形成系統化管理，讓同仁不用事事請示。
三、透過通報系統，確實掌握連鎖店、同仁的狀況與異常管理。
四、不讓經常性發生的事件形成日常旋風，用制度解決根本問題，才能對症下藥。
五、把「本來就要做的事」透過遊戲設計包裝起來，一次達成照顧同仁健康、凝聚團隊感情、考察餐飲趨勢的目標。

第6章 透過人事考核，鼓勵全集團的跳崗與輪動

在領導夏慕尼時期，除了每個月召集店長、主廚的經營會報，也有專門為副店長、副主廚舉辦的代理人會議。我每個月一定會花至少兩小時，和他們近距離互動與交流，讓代理人也能清楚了解品牌精神、公司發展和決策，用意就是培養他們成為未來的接班人。

某次代理人會議中，一位代理人問我：「Annie，我還要多久才有機會晉升？我的未來在哪裡？」被他這麼一問，我心裡愣了一下，心想怎麼辦？

當時夏慕尼已經發展到預備展第十六家店的規模，年營收達近十三億，幾乎已經達成品牌創立的目標。我認為市場已接近當時設定的飽和，店長主廚的位置短期內也沒有缺額；加上夏慕尼同仁的流動率不高，雖然這是好事，但同時也代表人員不會流動。這時候，同仁想知道他的未來在哪裡，我該怎麼回答？

我相信，同樣的狀況不會只發生在夏慕尼，公司其他品牌也一樣，所以我擔任人資長時就推動「輪動制度」，鼓勵各品牌不要鎖國，也鼓勵同仁輪調到其他品牌多元學習成長，形成了「輪

調機制」與「跳崗學習」。

跳崗學習，讓同仁看得見未來

所謂的「輪調機制」與「跳崗學習」，是鼓勵同仁跨品牌、跨功能單位，提升自身的見識與經驗。跨品牌，是鼓勵他們可以從夏慕尼跳到西堤，從陶板屋跳到王品，讓他們到公司其他品牌歷練；跨功能，是鼓勵他們從營運單位進到總部，或者讓總部的人進入營運單位歷練，熟悉不同的業務。

既然鼓勵輪動，就要先設計出制度。

首先，是人事評核。只要同仁調過店、調過品牌、調過地區、跨出功能單位或參與開發新品牌，都可以加分。**透過加分機制，大家就願意輪動，不會死守一個位置，未來晉升到管理職時，視野就不會局限在單一品牌或單一功能的框架。**

其次，是整合檢視各品牌的專業需求。每個品牌都有自己的調性和運作模式，從大廳、廚房到吧檯，各工作站都有各自的基本功，規範不同的服務細節。每位同仁都會經過這些基礎訓練，修完足夠的教育學分之後，才能上場服務顧客。這些教育學分就像積木，如果有同仁申請輪動，我們就請他攤開職涯地圖，看他還缺少什麼能力，讓他補足學分，例如調入夏慕尼的同仁，可能就要加強接待禮儀和上菜解說。輪調的同仁必須去了解品牌精神、服務特質，再根據不同品牌，將學分積木加加減減，讓自己的能力符合該品牌的要求。

領導無他，榜樣而已

建立輪動制度的同時，我心裡也很清楚，如果上面的主管不動，同仁根本不會動。如果只是培養人才，公司的舞台卻沒有增加，就像大家都擠在一池水中。只開新店，不開新品牌，這池水遲早還是會飽和；開創新品牌，同時繼續展店，才會有店長主廚的名額，副店長、副主廚也才有接棒的機會。

跳出來開疆闢土，也是管理者的責任。所以當夏慕尼開始穩定經營與接近飽和時，我就自動申請出來開拓新品牌，也就是義塔。我認為，既然鼓勵同仁輪動跳崗，我更應該以身作則，雖然離開舒適圈難免有不安和恐懼，但就像洛夫的詩句所說，「如果你迷戀厚實的屋頂，就會失去浩瀚的繁星。」

同樣地，我在二〇一五年公司危難之際接下執行長，當時是王品創業以來首度嚴重虧損，亟需轉型調整。我向董事長說，我不會在公司最危難的時候離開，因為王品有恩於我，我應該在人心惶惶之時安定同仁士氣、穩定公司。但我也說，希望執行長做滿一任就好，三至四年後如果公司穩定成長，我就會交棒。我的想法是，**如果我做得好，就應該傳承給下一代；如果我做不好，那更應該換人。**

我始終相信，**一間公司沒有不能被取代的人；如果這個人不能被取代，在公司治理和人事制度中，他才最應該優先被取代。企業就是不斷運轉的機器，不應該因為某個人而無法運轉，讓組織制度化、系統化運作才能長長久久，這也是身為經營者必須對企業永續經營做出的建設。**所以二〇一九年，我就從執行長的位置退下，領導無他，榜樣而已。

薪資有形，學習與成長無形

開創義塔時，兩個先後跟著我的區經理，原本分別在獲利穩定的西堤與原燒服務，他們加入團隊時，其實喜憂參半。喜的是他們的能力被主管看重，憂的是新品牌前途不明，又因為義塔開始營運的第三個月就遇上公司食安重大事件，營業額立刻縮水；加上各品牌採利潤中心制，如果品牌不賺錢，他們的收入也會嚴重受影響。

我向他們說明：「我或許短期無法給予你們有形的滿足，但我相信一起創業可以讓你們學到更多，你們可以跨足另一個料理領域，而且是有待改變的新創團隊與新領域，我更願意傾盡全力把畢生武功傳給你們，並和你們一起開創新格局，這對你們未來的發展一定會有幫助！」

當時義塔開始營運三個月，公司就遇上食安事件，我身為公司決策小組，很難分身管理義塔的事務，幾乎都是區經理在負責；我提供品牌觀點、追蹤後續，過程就授權區經理放手執行，他們也在這個過程中獲得大量磨練，很快就分別晉升事業處主管。

同樣地，如果有人向我開口：「你旗下的某個主管表現很優秀，能不能調到我這裡？」只要同仁本身願意，我都非常樂意。開創 hot 7 新鉄板料理的獅王也向我借將，我推薦了好幾位研發團隊與夥伴，因為我相信這些人過去會有發展。

曾有位夏慕尼的主廚問我：「為什麼要指定我們出去？」我回答：「我提了幾個人選，但是把你排在第一個。因為你在這裡就是主廚，但到新品牌發展，就有機會變成那裡的一把手，他們也有機會成為二把手等創業團隊，未來的發展就不一樣，而且你會帶出更多子弟兵。」

創業有成有敗，但我相信有公司當後盾，失敗率可以降低不少。或許剛開始會很辛苦，甚至暫時影響收入，但創業本身會有很多學習、成長與成就感，「人的一生有幾次機會可以創業？請你們相信，公司與我一定會照顧願意出去創業的同仁」，最後他們也願意接受挑戰。

不變造成安逸，求變帶來意義

有位資深主廚在王品旗下的某個品牌待了二十五年，然後自己創業開餐廳，只經營了一年多就收掉了。但我去拜訪他的時候，他卻絲毫不後悔離開，因為這麼多年來都他都摸著同樣的牛排，熱情也慢慢消耗殆盡。

所以，**企業要避免人才流失，應該從現有的同仁裡挑出五%到一〇%建立人才庫，由公司的高階主管和人資部定期評核值得培養的潛力新秀，讓他們有機會在集團內累積知識和資源**，就像我從一開始的財務、稽核到支援中國子公司，自行創業甚至擔任集團發言人，因此慢慢累積了在公司發生危難時扛下責任的能力。

有人說，人員輪調不是會增加培訓和管理成本嗎？我的邏輯是，**如果一個部門或單位長期沒有新血注入，可能會過於安逸，有時會少了些創新的點子、創新的手法，而可能漸漸喪失競爭力。輪調培訓的短期投入雖高，但長期而言對公司反而價值更高。**所以針對高階或單位主管，我會觀察他們各年度有沒有不同以往的策略和作為，當創新這些都列入考評，他自然會帶著夥伴一起求新求變。

追求安逸是人的本性，或許有人覺得只要工作穩定、薪水穩定，可以正常上下班就好，但我相信一定也有人想積極尋求發展，公司必須讓這些人的聲音被聽見。就像問我什麼時候可以晉升的代理人，如果遲遲看不到未來機會，等待久了早晚會離開，公司就留不住人才。

在王品，**我們期望除了給予同仁有形的收入，更要提供無形的收穫，那就是一個有學習、有成長、有未來的環境**，這也是我擔任人資主管很深刻的體會。為同仁打造一個收入合理、氣氛愉快，而且受人尊敬的工作環境，讓他可以很驕傲地說：「我在這家公司工作！」

解決人才僵化、鼓勵團隊創新的TIPS

一、推動輪調與跳崗學習，透過人事評核的加分機制，鼓勵同仁跨品牌、跨功能累積經驗。
二、用積木式的教育學分，加減拼湊同仁的所需能力，協助同仁規劃職涯地圖。
三、該交棒時不戀棧，開疆闢土、為同仁開拓舞台也是主管的責任。
四、時時為品牌注入新血，提出新策略、新作為，才有競爭力。
五、建構有學習、有成長、有未來，且受人尊敬的工作環境。

第7章
用敢拚愛玩的精神，帶動全員凝聚力

王品從很早以前就開始推動「日行萬步」，後來又推動「三百學分」：遊百國、登百岳、嚐百店，再後來還有「王品三鐵」：登玉山、泳渡日月潭或跑馬拉松、鐵騎貫寶島。

王品明明是餐飲業，為什麼要推廣同仁從事這些活動？因為我們希望王品人「敢拚、能賺、愛玩」，期待同仁投入工作之餘，也能重視健康和生活品質，豐富人生經驗。

一個人騎得快，一群人騎得遠

二〇〇五年，公司首度舉辦「鐵騎貫寶島」，從台灣頭騎到台灣尾。當時對騎腳踏車這項運動我一無所知，不知道什麼是公路輪胎、不懂單車換檔，完全沒練習，以為年輕體力好，就傻乎乎地跟著上路。結果，第一天車隊才剛抵達新竹，我就已經累到心想：「天啊！我快不行了！明天不知道還能不能騎下去？」

翌日我硬撐到彰化，全身早已疲憊不堪，甚至有一段路程，我遠遠落在大隊後頭，一個人默默地騎著。這時候，突然有一台摩托車逆向騎到我身邊，車上的阿伯關心我說：「小姐，你離你們紅衣車隊很遠很遠喔！看你這樣辛苦，我幫你推好不好？」一路上，我們不斷和這些溫暖人情相遇，我也忽然更有動力，加快腳步追上前頭的夥伴。

其實，打從出發後，我時時刻刻都想找機會放棄，每天都在等有沒有其他同仁先放棄，如果有，那我一定馬上跟著棄權！但每當這樣的念頭升起時，就有夥伴相互打氣，還有不認識的民眾幫我加油，讓我一路撐到台南，還上醫院打了一針繼續上路。

沒想到，大家就這樣一路騎到鵝鑾鼻，圓滿了原先認為不可能的夢想，而且沒有一個人半途而廢。結束的慶功宴上，大家聚在一起分享心得，才發現其實每個人心裡都在等別人放棄，大家都只是不想當第一個投降的人！如果沒有團隊，我相信絕對到不了終點，如果不是同仁彼此扶持、民眾熱情應援，我絕對達不到目標，而那股革命情誼，至今仍讓我非常感動。

走得穩比衝得快更容易登頂

由於「三百學分」具有一定的門檻，為了讓同仁更有動力參與，後來龜毛家規把「三百學分」改成「三個三十」：一生登三十座百岳、一生遊三十個國家，一年吃三十家餐廳。既然鼓勵同仁登百岳，我當然也要以身作則，殊不知，現在早已完百的我，多年前其實根本不懂、也不喜歡爬山！

第一次挑戰百岳，是登武陵四秀的「池有山」，結果這座山竟然從此被我改稱「沒有山」！當時我跟公司中常會高階主管正好在附近開森林會議，會後有人提議：「旁邊就是池有山耶，我們要不要上山去走走？」我心想，只是「順便」爬個山，應該還好吧？其實在那之前我根本沒有爬過山，就這樣仗著自己年輕體力佳，也不假思索地跟著上山。

池有山從登山口到山頂只有三．八公里，但是爬升將近一千公尺，看似不長的路程其實並不平緩，有些地方需要一路陡上，非常耗腳力。走到半路，我看天氣開始變了，不停問大家還要往前走嗎？他們都說，再一下就到了！沒想到，走了三個小時，我們居然才走了兩公里！眼看就要下雨了，戴先生才說：「我們先下山好了！爬山不能只顧上山，還要保留下山的體力。」就這樣，我的第一座百岳就是沒有登頂的「沒有山」。

回想當時，我是那麼排斥爬山，因為不懂方法，也不懂節奏，沒想到後來也可以完成百岳，甚至開始帶團隊登山。後來我發現，登山和工作、生活一樣，都需要有「節奏」，衝得快的人不一定會率先登頂，反而是那些一步一腳印，踏穩節奏的人，最後總能順利抵達。

所以帶領夏慕尼時，每半年我就分別帶著店長主廚、店長主廚代理人去爬山。我總覺得，大家每天在職場見面，只有工作上的相處，少了更深層的認識、關懷和互動；我希望能透過登山，在帶著大家一起運動、維護健康之餘，用另一種方式體驗團隊合作、凝聚共同回憶與情感，也創造工作之外更多元的生活體驗。就這樣，爬著爬著，我和許多曾自以為與登山絕緣的人，共同完成了好幾座百岳！

用陪伴而非強迫，把挑戰自我融入同仁基因

除了騎單車、爬山，後來我又愛上跑步，還跑了好幾場馬拉松。一開始我也不喜歡跑步，總覺得跑步傷膝蓋。沒想到我接任執行長的幾個月後，主辦活動的同仁就問我：「執行長，公司今年三鐵活動的馬拉松路跑，要報名岱宇台中國際馬拉松的半馬，你要不要帶隊？」

當時，他們已經揪了五、六十個人，想找個藉口脫身的我故意說：「如果你們可以召集超過一百人，那我就帶隊！」本來以為這樣可以逃過一劫，因為跑步又不是我的強項，我怎麼可能帶隊？沒想到，最後他們竟然號召到一百零七位同仁，向來說話算話的我，只好硬著頭皮上場！

當時我向同仁建議：「但是……我真的不會跑步耶，半馬對我來說太難了啦，我們是不是應該定期訓練？你們能不能把我練到可以參賽？」同仁聽了就說：「沒關係啦，才二十一公里，半跑半走還是可以完成啊！」我一聽，這怎麼行？這樣也太丟臉了吧！要跑，就要玩真的啊！

在我的堅持之下，我們在報名後至賽前僅剩不到三個月的時間，開始固定團練，每周三下班

後，大家就到科博館植物園練跑，並以終為始設定每周的目標與節奏，目標是第一、二周跑完三公里，第三周跑完四公里，循序漸進，跑不完也要走完，因為出差漏掉進度的人要自己找時間補上。總之，參賽前大家要能跑到半馬的一半路程，也就是十一公里！

第一周，我連一公里都跑不完，心想糟了，弱成這樣怎麼去比賽？但看到同仁們這麼熱血，我怎能先認輸？因此我更加積極參與團練。雖然大家有熱情、有目標、有計畫，但不時有人那裡痛、這裡不舒服，我想技巧和專業也很重要，便請教練來開課，教大家熱身、跑步姿勢、收操，就這樣從零學起。練著練著，沒想到第三周，我就大幅進步了。

更沒想到的是，參賽當天，我用二．五小時的成績跑完全程，而且我們全員順利完賽，其中有八成的同仁都是第一次參加半馬！後來大家都說，如果沒有每周三的團練，一定不可能達成，那次的經驗讓大家非常興奮並被廣為宣傳，後來跑步就在公司內越來越盛行。

這麼討厭登山、跑步的我，居然會完成百岳、連跑好幾個半馬，正是因為團隊讓我徹底愛上運動，王品人愛運動的企業文化，是靠眾人的力量才能建立起來。後來，我和這群敢拚愛玩的王品夥伴們，還遠征青海湖、挑戰EBC聖母峰基地營，跑遍全台，也玩遍世界。

我曾問同仁：「你們會不會很氣我逼你們爬山、騎腳踏車、跑馬拉松啊？」同仁回答，「完全不會！我們很喜歡團隊一起運動挑戰的感覺，我們感受到的是你『陪』著我們玩、運動和挑戰，不是我們被你『逼』著去運動！」

仔細想想，我們的情誼就是在汗水和淚水交織的過程中建立起來的，單車挑戰海拔三二六〇公尺的青海湖，大家騎到又哭又笑，我騎在隊伍前頭，一轉頭發現後面夥伴跟了一整列，原來是讓我替他們破風；過程中教新手調整姿勢、保護膝蓋；看到大家爬山時氣喘吁吁，我也會用自己的經驗和同仁分享，如何調整呼吸、節奏和步伐。

其中一位同仁說：「一起運動與挑戰的過程，沒有和主管相處的壓力，有苦有歡笑，又覺得學到很多，更重要的是產生一種信賴感。」聽他這麼一說我才發現，原來就是這股信賴感，讓我和大家的相處，不會只有執行長和同仁間的行禮如儀，還有朋友和戰友的情誼，登山時相互幫忙、騎車時彼此打氣、跑步時互相加油。**雖然名義上我的確是以主管的姿態帶領和指導大家，但實際上都是以夥伴的姿態互動與支持。**

過去在會計師事務所工作，緊繃的工作壓力讓我曾有血尿，甚至無法懷孕，這些身體的警訊讓我在年輕時就深刻體會健康的重要，我們常常埋頭苦幹，卻忘了「平衡」，所以希望能透過企業文化的塑造，把這樣的觀念融入他們的基因。我常說，「不要只懂工作，還要懂生活、懂玩，玩出能量與活力，才是值得回味的豐富人生。而且一生一定要去做一些沒做過的事，有些事，現在不做以後也不會做，加上公司辦了活動，既然有機會，就要趕快去做！」

解決同仁不敢挑戰自我、帶領全員玩出凝聚力的TIPS

一、樹立敢拚、能賺、愛玩的企業文化，主管以身作則養成運動習慣，有好的體力，才有清晰的頭腦。

二、企業經營也像登山，掌握呼吸和節奏，才能順利登頂達成目標。

三、透過運動凝聚信賴感，在工作之外培養戰友情誼與人性關懷。

四、無論多忙碌，都要平衡工作、生活與健康。

第8章
連簽名的贈書都不拿，杜絕套交情的可能性

貫穿王品集團企業文化靈魂的，便是眾所周知的二十八條「龜毛家規」，以及九條「王品憲法」，從每位新人踏入王品的那一刻，就是不斷對他們耳提面命的「天條」，殊不知，我竟然也有觸犯「天條」的一天！

在我擔任財務主管時，帶領的財務部同仁很喜歡團購。有一次，他們想團購帝王蟹，問我要不要一起湊免運？我說：「可以啊，只要確定對方不是廠商就好。」

沒想到，次月的某天，同仁突然焦急地打給我：「Annie，怎麼辦？我今天搭電梯居然遇到帝王蟹的廠商，他說來公司採購部談生意，他不知道什麼時候變成我們的廠商了！」

原來，同仁連續跟對方團購了兩年，都有確認過對方不是公司廠商，這一次沒有再度確認，那位廠商居然已經開始和公司往來！

同仁緊張得不知該如何是好，我趕緊安慰她：「公司規定是要避免『明知故犯』，你事先不知情，只是誤觸，不用太緊張！我們先向上通報，再由我來寫一張自白書，把事情來龍去脈交

代清楚就好，不要擔心！」

於是，我寫下了人生第一次自白書，清楚載明了曾經向該廠商團購的時間點、採購部與該廠商合作的時間點，以及各自負責的同仁，中常會和獎懲委員審視完自白書，因為是主動提報、過程清楚，同仁也非有意為之，最後決定不做懲處。

龜毛家規第二十六條明訂：「個人盡量避免與公司往來的廠商做私人交易。」我第一次寫自白書，沒想到竟是為了幾隻帝王蟹，事後還開玩笑地和同仁說：「你們要讓我被開除，好像還滿容易的嘛！」

這次事件彰顯了兩個重點：

一、讓公司最重視的文化，成為所有人心中的「天條」：很多公司規章雖然的確有明文規定，但因為宣導得不夠徹底、或規定得不夠周延，最後都只是形同虛設。「龜毛家規」的深植人心，從財務部同仁誤觸時的緊張焦慮就可窺見，一家企業真正重視什麼，會體現在每個人的舉手投足之間。

二、高層犯法與基層同罪：主管的一舉一動，都是同仁的榜樣，我和同仁都是在不知情下捲入帝王蟹團購事件，也剛好讓我有這個機會，親身示範誤觸條文時怎麼主動報備、坦蕩面對，而不是企圖用「不知情」來淡化自己的過錯。

避免和廠商私下交易，是為了避嫌。就像我和家人出國旅遊，絕對不找和公司往來的旅行社，因為每年辦同仁旅遊，都有幾間旅行社會來投標，我又是參與評選的主管，彼此都見過面；如果我因為私人行程聯繫了其中一家，當廠商知道我是公司的高階主管，有沒有可能為了未來得標，額外提供優惠給我？

為了避免這些情形發生，即使只是「可能的」廠商，我們都應該盡量避免私下往來，一方面是為了保護自己，維持自己的中立性；同時也是為公司著想，讓公司可以真正做出客觀的採購決策；再者也不讓廠商為了得標，陷入必須到處打關係、套交情的為難處境。

連簽名的贈書，我都不敢拿

但是，這樣的避嫌規定，卻有可能在某些情況下造成困擾。

早期擔任總部主管時，有一年籌辦尾牙，需要選擇外燴廠商。我和三位同仁前往其中一家餐廳試菜評選，當時那間餐廳的主廚剛好出版新書，我們一到，他就送上四本書，而且每一本都簽上我們的名字。同仁面面相覷，心裡想的是同一件事——

「王品憲法」第一條：「任何人均不得接受廠商一百元以上的好處。觸犯此天條者，唯一開除。」

我只好告訴對方，「不好意思，我們不方便收，因為公司有規定不能拿廠商的好處。」沒想到對方說：「這是我自己的書，有什麼好處？而且我名字都簽好了，你們不收，這些書我也沒辦法送別人呀！」盛情難卻之下，我們也只好先收下。

一走出餐廳，我正在思考應該怎麼處理時，沒想到身邊那三位同仁居然動作一致，立刻把書丟進旁邊的垃圾桶！我見狀趕緊跑去，把書撿起來，對他們說：「這些書上有作者給我們的親筆簽名耶，如果他看到書丟在垃圾桶，那多失禮啊！你們不要擔心，這件事還有其他方法可以解決！」

當時我立刻通報董事長，說明事情始末。之後，我親筆致信給那位主廚，附上「王品憲法」的條文，以及四本書錢的匯款單，對方也能夠理解我們的做法。同仁這才鬆了一口氣，不用擔心自己收受禮物遭到開除。

雖然對方還不是正式的尾牙合作廠商，但他的確「有可能」變成廠商，如果拿了任何好處，即使是一本贈書，都是形同圖利我們自己，或者讓人質疑評選的公正性。另外，也因為這事件，補充訂立如果同仁不小心「誤觸」憲法，只要事情發生的三日內通報主管，並處理完成即可。

限制的不是金額，而是精神

新人訓練時，曾有同仁問我：「不能拿一百元以上的好處，那九十九元可以嗎？」我都會向他們說明立法精神與背後原理並解釋，「重點不是價格，明訂一百元的邏輯是指，通俗禮儀不在此限。」我們出去談生意，對方泡茶、泡咖啡請你喝，或者在工地有人請一根菸，總不能人情世故都不顧，連茶也不敢喝，咖啡也不敢碰吧？但如果對方是送一包茶葉或一包菸，那就是貨真價實的「送禮」，絕對不可以收。甚至我們去中國比較偏遠的地區，附近方圓幾里內都沒有店家，客戶幫我們訂便當，我們還是一定自己付費，否則就不吃。

我也曾經遇過同仁說：「對方只是送一枝筆，成本才二十元，這樣應該不算違規吧？」

於是我反問他：「這枝筆的成本可能只要二十元，但如果加上一個精美的盒子、一個漂亮的包裝，它的售價可能會變成一百二十元，那你要用成本評估，還是用市價論計？」所以我總是說：「不要去判斷這個禮物是九十九元或一百元等多少錢的問題，只要是通俗禮儀就不用擔心，但是我們絕不收禮，**我們要強調的是精神，而不是金額！**」

「龜毛家規」還包括「演講或座談會等酬勞，當場捐給兒童福利聯盟文教基金會」、「公務利得之紀念品或禮品，一律歸公，不得私用」。所以我受邀到外部單位演講，只要有演講費或車馬費，一定當場捐出；如果是貴賓贈送的禮品，也是拿回公司，請管理部門列出清單，留給同仁分享或活動抽獎，絕對不留下任何圖利自己的空間。

無論是龜毛家規或王品憲法，除了規範同仁，更要求高階主管以身作則、樹立典範。所以每年過年，我們向合作廠商拜年時，都會附上一封信，再次說明王品不交際應酬的立場，請廠商只需要盡心為產品品質把關即可，這也讓彼此的關係回歸單純，也更方便做事。

除了外部關係之外，龜毛家規也涵蓋了內部關係，要求上司不可以接受同仁的招待，包括拜年和慶生，甚至上司結婚，同仁只能包一千元的紅包！因為主管掌握打考績的生殺大權，如果沒有明文規範，就會讓同仁陷入掙扎和壓力，擔心和上司交情不佳，就沒有機會晉升，也會形成公平上的爭議，甚至導致同仁之間互相猜忌。

無論是龜毛家規或王品憲法，都是形成企業文化的經緯，而這些規範，其實主要是為了約束高階主管，也就是有權力做決策的人。這些條文背後都有它的精神，甚至有它的故事，往往是當同仁遇到問題，我們就加以討論制定，明訂條文後，再廣為宣導，讓條文精神在無形中成為同仁的行為模式。

解決同仁收受好處，端正公司正直精神的TIPS

一、不接受廠商好處，避免影響公司利益，尤其高階主管應以身作則，樹立典範。

二、不收禮、不交際應酬，懂得避嫌，讓同仁和廠商有客觀標準可依循，才會更好做事。

三、面對無意觸犯法規的同仁，設立一套明確的處理流程與期限，讓同仁有所遵行。

四、讓企業文化形塑同仁的行為模式，明定條文與罰則後，就要廣為宣導、徹底執行。

五、闡述與宣導立法精神與背後目的，讓規範更深植同仁內心。

Part II

人才與績效問題，我這樣解決

第9章

回應老主廚的訐譙，把財務報表變得一目了然

在王品早期，設計了一個激勵制度，讓每家門店的店長主廚入股，他們既是門店的股東，也是老闆，與門店的經營績效息息相關。為了落實這個制度，每次開會時，我都要向店長主廚說明公司新建的財務制度，試圖讓他們看懂財務報表，知道各門店賺了多少？股東可以分到多少？

當時剛從會計師事務所離開不久的我，認為這些概念根本就是「基本常識」，有什麼難？沒想到卻被一位主廚用台語訐譙：「你不要跟我講什麼財務報表，也不要跟我說什麼設備折舊啦！你是讀書人，我們是拿菜刀、端盤子的，聽不懂啦！你直接跟我說這家店賺多少不就好了？」

推動制度遇到這樣的反彈，我心裡當然不是滋味，甚至覺得這些主廚怎麼都不願意虛心學習、跟上公司的腳步？後來我念頭一轉，想想也對，他們平常不是在廚房料理，就是在大廳服務，這些才是他們長年深耕的專業，哪懂得什麼財務報表？既然看報表對他們來說這麼痛苦，我就一定要想個讓他們不用看懂專業的報表，也能對財務一清二楚的制度！

用店家帳戶的概念，讓看不懂財務報表的同仁快速理解

看不懂財務報表沒關係，每個人總會管家裡的帳吧？所以當時我讓每家門店就形同一間公司，設立一個單獨的帳戶，讓店長管帳就像管家庭帳戶一樣簡單，只要知道每個月「收入」多少？「支出」多少？每個月把收入減掉支出，就知道這個月賺多少。例如，這個月消費者買單有五百萬的收入，再扣掉三百八十萬的支出，理論上就是賺了一百二十萬。這就是最基本的「現金流量」概念。

接下來，我再把「支出」分成「可控支出」與「不可控支出」。「可控支出」包括十號付薪水、二十五號付貨款，還有水電瓦斯等費用；「不可控支出」則例如廣告、租金、稅金等等，這些無法由門店控制的費用就放到總部，由總部作業支出。

由總部作業支出的還有「折舊」，但主廚說，他聽不懂什麼是折舊啊！所以我這樣比喻：「你開店的時候向總部借錢，假設借了兩千萬，要分成五年攤還給公司。」他們聽了覺得有道理，其實這就是「折舊」。我就把這些需要由總部支付的「不可控支出」，列成一張「定存清單」，讓門店每個月定期「存」回公司，以支付年度支出。

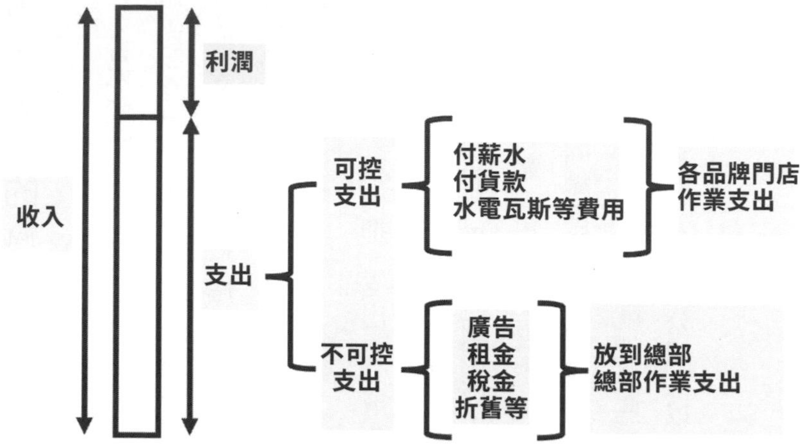

圖 2.1　讓收入跟支出一目了然（製圖／趙胤丞）

這樣一來，店長主廚就很清楚，每個月只有三筆現金支出：薪資支出、貨款支出、要給總部的定存。從此之後，就算不懂數字的基層同仁也一目了然，店長主廚管帳也變得上手，對營運的績效自然瞭若指掌。每次我去門店，只要隨口問他們：「這個月可以賺多少？」他們就會一派輕鬆地回答：「我算過喔！這個月我應該可以做到五百萬，扣掉薪水一百六十萬、貨款一百六十萬，再扣掉『你們總部』的一百萬，我大概可以賺八十萬！」

現金流量的制度也解決了過去的痛點。以前，店長主廚雖然每個月大概可以知道自己賺多少，但每到年底，除了發年終獎金，公司還會先預扣隔年要繳的稅金，突然被扣掉一大筆錢，當月可以分配的紅利自然少了一大半，他們就會怨懟又不解地說，「為什麼我這個月業績做到五百萬，還不能分紅利？一堆錢都被總部扣走了！」

改成現金流量的計算方式後，每個月有節奏地逐步扣款，繳稅後再多退少補，就不會讓同仁沒繳稅時有紅利，要繳稅時領不到紅利。從此收支一扣，清清楚楚，同仁後來算得比我這個財務長還勤勞，而且月中的時候，他們還會自己盤算一下，告訴我到月底前可以再衝多少業績，工作更有動力！

讓門店主管當老闆，讓同仁成為股東

為什麼讓同仁了解財務很重要？因為讓店長主廚入股，等於大家共同創業，他們也是老闆，讓這些「老闆們」聽得懂，就是我的責任。讓他們懂，他們就會信任公司，因為每一筆支出都看在眼裡，就會相信投入的錢不會被公司A走，而且每個月都會實質分紅，這樣的即時激勵，就讓他們很願意打拚。

店長主廚每個月可能有三筆收入：固定薪水、績效獎金和分紅股利，而且連續績效分紅獎金都公開透明，其他同仁看到，就會嚮往晉升而力求表現。同時，在設計股權結構時，加入我俗稱「老鼠會」的入股精神，鼓勵他們出去開新店、開新品牌，因為開得越多，股份越多、收入越多，同仁也就更加願意輪調，不會死守一個位置。

因為店長主廚出錢投資、可以分權參與決策，他們就會比總部、比財務同仁更在乎門店的損益，自然就會在每天的運作中提升效益、節約成本，自動幫門店和公司省錢。例如，早期蔬菜水果尚未整合採購，公司也鼓勵只要不傷品質，門店找到比總部更便宜的廠商就可以自行採購，所以不同門店的同仁就會互相打聽彼此的採購價，便宜還要更便宜，因為省得多，他們的紅利就領得多。

也因為自己出錢投資，同仁會比公司更在乎每一筆支出。例如同仁會在空班時間自動把冷氣關掉，我問店長：「你們不熱嗎？要不要開個冷氣？」店長就說：「不要浪費電！吹電風扇就好！」我聽了很感動，因為以前是總部要不斷提醒節約用電，現在他們會自動節省；也因此我更相信是因為公司採利潤中心制，讓連鎖店的同仁也能一條心。

更有趣的是，門店同仁不只會對公司資源錙銖必較，甚至還會回過頭監督總部。例如A店會說：「同樣營收五百萬，為什麼B店賺一百萬，我只賺八十萬？一定是主管與店經理開店成本沒控制好！」還有同仁說：「為什麼他開一家店一千六百萬，我們開店成本就要兩千萬？一定是工程費用太貴！」讓各權責人員負責管理權責支出，有權有責，總部和門店就會共同監督，甚至讓我這個財務長的工作越來越輕鬆。

不過，利潤中心制也可能有它的缺點，就是會導致同仁「省過頭」。這時候就要靠事業處主管和區經理負責控管品質，例如有些門店裝潢已經比較老舊，但門店同仁會覺得還可以撐一段時間，這樣就可以「省」一點；這時候就必須由主管下達重新裝潢的決策，甚至有時候要「逼」同仁花錢進行投資！

無論如何，**設計制度的初衷必須是為公司、為同仁服務，而不是用各種專業門檻或繁文縟節造成同仁的困擾，甚至影響最終的營運成果。**設計這種帶有即時激勵性質的財務制度，不僅降低了同仁與公司高層之間的溝通隔閡，更讓同仁對公司產生了齊心協力的認同感，把自己也視為老闆之一，真正地讓全體上下朝著同樣的目標前進。

解決複雜制度造成同仁困擾的TIPS

一、企業的制度設計，應該為同仁服務，而不是讓同仁困擾。
二、把財務報表簡單化，用白話把專業解釋到非專業的人也聽得懂。
三、透過即時激勵的分紅制度，讓同仁更有動力賺錢，也更有動力省錢。
四、由同仁出錢投資、分權參與決策，有權有責，共同監督，降低管理成本。

第10章 不怕挖角！建構讓人才跑不掉的制度

在夏慕尼開到第三家分店時，我認為以夏慕尼的價位，屬於目的型消費，店面不一定要開在熱鬧人流多的黃金戰區，應該找空間大、門面漂亮、租金較便宜的B⁺級地段，所以我們在竹北找到一處房東自建的空間。

然而，當時因為房東的工程進度延宕，導致遲遲無法開幕，同仁們早已培訓完備，空有一身功夫卻無法上場發揮，人事成本卻得每個月不斷支出。結果，半年後好不容易開幕了，生意非常好，兩個月後卻立刻迎來危機：八位師傅被挖角集體離職！

雖然我知道，技術職被挖角的機率確實不小，但沒想到一家店十位師傅，居然八位一起跳槽，這種情況還真的罕見！我心想，死定了！好不容易才熬到開店，這下怎麼辦？有同仁建議，要不要先暫停營業？我當然不同意，「怎麼可能暫停營業？客人會以為我們要倒了！」

我盤算著，應該可以先調動台北和台中店的師傅來幫忙，這段時間趕快培養新人，總之要先撐過去再說！於是我對三家門店的團隊說：「這段人力短缺時間，我們有多少人力，就做多少業務，接不進來的客人就不要硬接，我不在乎這期間有沒有賺錢！」

堅持不簽約，讓想留的人自己留下來

當時，同仁們都義憤填膺，畢竟培養一位師傅站上鐵板檯有多不容易，除了至少要花六個月的時間帶訓，還耗費了不少培訓期間的成本與食材；等到人才終於可以上台獨當一面了，居然就被挖走，對品牌實在是非常巨大的損失！於是會議中有同仁提議：「公司應該要和師傅簽約，培訓完成至少要待一兩年才可以離開！」

看他們吵得沸沸揚揚，我立刻站出來說：「我不同意！」結果當然引來不少質疑，他們擔心如果不簽約，這種人才流失的事件一再重演怎麼辦？我知道同仁是擔心師傅培養不易，公司一手帶出來的師傅，會把技術帶到其他地方，甚至開類似的店、推出相似的料理，成為我們的競爭對手；但我確信，就算他們模仿得了「形」，也模仿不了「內涵與神韻」，餐飲經營不會只靠廚藝，還有品牌成立的初衷、品牌塑造、服務細膩度……等，很多內化其中的精髓。

於是我告訴同仁，「就算公司和師傅簽一年或兩年的約，時間一到，想走的人還是會走，簽約只是把他們離開的時間延後而已，根本的問題是什麼？我們要反省的是我們不夠優秀，沒有好到讓同仁願意留下來。」

我非常清楚，如果師傅的薪酬、公司的升遷機制、福利及工作的環境，沒有好到讓人才願意留下，簽約只是解決某個時間點的短期問題罷了。就算強留他下來，顧客看到師傅的臭臉，會吃得開心嗎？所以我很堅持，「我們應該要檢討的是整個機制，防弊解決不了長遠的問題。而且我們要有guts！要做到讓同仁想留下來，而且是歡喜留下來，甚至要讓那些離開的人後悔！」

也因為如此，我們重新檢討薪資結構、晉升管道、工作環境，也讓培訓制度縮短成三個月，後來夏慕尼開到十六家分店，再也沒有發生類似事件。事後回想，危機就是轉機，挫折就是開創的契機，如果沒有發生跳槽風波，我和同仁不會更加團結，也沒有機會討論制度是否健全，更不會想辦法縮短培訓時間，快速培養人才。更意外的是，當初為了讓三家店正常營運，不得已之下只好減少業務量；客人訂不到位置，一位難求之下反而生意更好，現在看來是「饑餓行銷」，但我們真的不是故意的！

至於那些跳槽的師傅，後來還用顧客的身分回來用餐，甚至一邊用餐一邊錄影，想學我們剛推出的新菜。同仁看了氣得要命，問我能不能不接？我說：「他們是客人，我們能不接嗎？就算他們能做出一樣的菜式，也不知道這道菜設計的精神和精髓，沒有內涵神韻是不會長久的。不被模仿是庸店，被模仿應該要很開心，表示我們紅了！」

不要人治的晉升機制

要讓同仁覺得有學習、有成長、有未來，最直接的就是合理的晉升機制。所以在經過八位師傅集體離職的危機後，我們立刻著手檢討，用「公開透明的制度」取代過去的「人治」。

早期培訓鐵板燒師傅，要花上至少六個月的時間，把所有專業全部備齊、通過考核後，才可以站上鐵板檯，為客人烹調。考核時就曾發生評審標準不一的情況，例如主廚覺得可以通過，店長覺得還不行，參加考核的同仁會覺得沒有可以依循的統一標準，而是店長主廚說了算，能不能晉升要看主管的臉色，這就是過度依賴「人治」。

後來，團隊將所需專業技能拆解區分階段，並把六個月的培訓縮短成最快三個月，而且調整為分階段考核；同時，薪酬加給也會隨著技術考核逐步調整與提升。新手同仁學習技能先從學習鐵板相關基本工具、手法後，再學炒飯、炒青菜，初階的烹調專業學完後，通過考核就獲得正式任用。接著，再進入主餐，通過考核後就可以上鐵板檯，在師傅身邊擔任廚助，增加他的實戰經驗，等所有技術專業都學完，通過店長考核，就能正式晉升鐵板師傅。最後一關則是「鐵板師傅津貼」，這場考核會由店長主廚或一位研發主廚，和一位事業處主管或區經理負責評分，確認師傅的廚藝確實可獨當一面後，每月薪資就會增加廚藝津貼三千元。

過去制度不夠明確，有些同仁會覺得自己已經很優秀，卻考了好幾次都無法通過，所以一被挖角就選擇離開。一旦機制設計出來，同仁就很有感，他會很清楚地知道努力的方向，而且知道他的付出會在公平公開的平台被看見。

除了調整晉升制度，我們也讓考核辦法再進化。過去參加考核，同仁會說每位主管的考核標準都不一樣，他們無所適從，於是我也要求訂出標準，將每道料理的考核重點都一一列示。

考核項目會區分成鐵板檯基本功、各菜色烹調技巧、熟練度、口感、食安、儀態、互動解說等，例如煎牛肉必須雙面焦黃到什麼程度、不能燒焦、過程中鐵板是否清潔；烹調時切肉的刀工；還有烹調的時間控制、過程中的食品安全；以及完成品的擺盤美觀、立體感、香氣，及品嘗的口感等等。除了鐵板上的烹調技術與火候控制外，師傅與客人的互動接待也一併訂出考核標準，包括儀態、解說表達、口齒清晰、應對技巧、反應能力等等，參與培訓及考核的同仁就很清楚標準所在，評核主管也會依據那些重點打分數。因為有了明確的標準設定，他們可以根據這些重點在平時練習準備，評核與結果也更客觀。

除了將晉升和考核制度與標準明確設計出來外，其實在這之前，團隊就已將鐵板檯上的技術拆解設計成「鐵板七訣」，拍成影片、製作訓練手冊，讓同仁可以在平時或回家後勤練。這時又有同仁擔心，這樣會不會被抄襲？我還是說：「沒關係，要抄就抄，任何東西我們都防得了君子，永遠防不了小人。重點是我們自己要不斷進步！」

企業都會在營運中不斷遇到問題，不停尋找出路從中學習、改變與成長，同樣地，我們後來更嚴謹地把營運組織中內外場各職級所需要的能力，加以區分探討後，發展出組織中各職級的職涯地圖，並把評核通過的工作站與水平列示清楚，讓所有同仁有目標、有遵行標準，且清楚知道往哪個方向努力。

用趣味競賽機制維持考核後的水準，同時增加成就感

優化考核制度後，有個問題也隨之而來。某次會議上有主管提出：「如果通過考核的師傅，後來技術退步，或是變得散漫，要怎麼辦？」這時團隊最直接的答案就是：「那就直接把他換掉！」但我則不這麼認為：「把他換掉？那換掉的判斷依據是什麼？如果沒有公開透明的標準，是不是又回到人治？能不能有更明確有效的方法，判斷一個人才的專業水準與展現？」就這樣，夏慕尼的料理達人競賽和服務達人競賽誕生了！

公司內部的考核是針對人才職涯發展與晉升，而正式上線服務後，「顧客」就是我們的終極考官。那麼如何檢視平時的水平與標準，最公平客觀的當然就是「顧客」了。當時，我覺得最了解消費者的應該是第一線同仁，因此，將這任務交由現場團隊自行研擬討論，結果團隊透過顧客用餐後所填具的意見卡及客服來訊回饋，做成統計數據，分數最高的同仁就是該月的料理達人和服務達人。各店更舉辦每月的料理達人與服務達人競賽、頒獎與分享，同仁紛紛卯起勁追求達人的榮耀。

將顧客回饋結合達人競賽，就是希望透過顧客的眼光，檢視產品與服務水準，因為顧客選擇走進夏慕尼用餐，願意把金錢消費在我們餐廳，他們才是真正的老闆！當然，如果連續三個月，某名同仁的滿意度不到設定標準的八〇%，就必須「留校察看」，交由主管特訓加強。同時，夏慕尼的行政主廚及稽核小組也會帶著個別團隊至各門店進行稽核檢視，如果發現有同仁的分數長期不佳，甚至會請他重新進行考評。

由於料理達人和服務達人競賽的結果是每天公布，表現不佳的同仁立刻就會上緊發條，被顧客讚賞的同仁也會有榮譽感，更認真服務與投入。這就是我一直強調的「公開透明，避免人治」；而且創造好的工作環境，讓同仁覺得有發展、有未來，他會更願意往前衝，甚至比主管更拚！

解決人才流失，讓晉升機制公開透明的TIPS

一、面對挖角，該做的不是和新進同仁進行綁約，而是理解為什麼人才不願意留在公司的深層原因。
二、盤點薪酬、晉升、考評制度及工作環境，創造讓同仁願意留下來的職場。
三、不被模仿是庸店，只要不斷超越自己，就不怕被抄襲。
四、不過度依賴人治，建構公開透明的制度，讓同仁有明確的努力方向。

第11章
打造「自驅動能力」，減少不必要的會議

在我擔任執行長期間，王品正面臨重大轉型與品牌重整階段，其中有個專案是重建一些品牌的利潤結構，專案期間，我每個月都會親自召集需調整品牌的事業處主管和總部功能部門的主管，進行「利潤重建會議」，由財務部根據營運數字和營運單位一同探討、診斷合理的利潤結構及利潤下滑的原因，是品牌運營等營收問題？人事或食材成本過高？開發工程預算太高？或營收變化受限於門店的固定呆水位支出……而需要重建模組？

有一天，一位事業處主管直接問我：「Annie，你是學財務的，品牌的利潤結構哪裡有問題，你直接教我就好啦！我跟你那麼久了，你也知道我就是對數字報表沒有這麼敏感，為什麼一定要大費周章開這些會議，每次都來檢討我？」

確實，以前我擔任事業處主管，可以慢慢帶著他們改善問題，但升上執行長後，同時面對二十多個品牌，根本不可能有這樣的時間。而且，一對一的傳授，就只有特定的主管能學會，我更期待透過會議，讓與會單位與同仁形成「自驅動能力」，並讓相關單位產生「系統模組化」，

建構這些能量，才是我這個位階該有的責任。

所以我對他說：「我也不喜歡開會，誰願意常常開會？我的目標只是希望，營運單位和總部相關單位共同發現問題、產生協作，未來你們就會產生自驅動能力，自己就有能力去發現問題、解決問題，就不需要這麼多的會議來進行協調和檢討。」

如果是人事成本過高，事業處主管就會找人事部討論，請總部提供協助；人事部也會累積經驗，了解營運現場會遇到哪些狀況。所以**召開這些會議的重點，不只是解決某個品牌或某個部門的特定問題，而是為了訓練同仁，透過探討問題彼此成長，也減少摩擦，這樣公司就會成為「學習型的組織」，而不是大小事都等著高層裁決。**

用BCG矩陣為品牌把脈

例如，王品旗下有這麼多品牌，如果每個品牌都說要大量擴張，公司的資源該怎麼分配？平均分配絕對行不通，我認為那樣的公平其實最不公平。所以每年我帶領策略會議時，都會先用BCG矩陣和主管們探討公司的發展策略。

BCG矩陣的橫軸是市場占有率，縱軸是市場成長率，四宮格分別代表：明日之星、金牛、問題兒童和狗。我會先讓事業處主管們分組討論，大家覺得公司二十多個品牌，要擺在哪個位置？

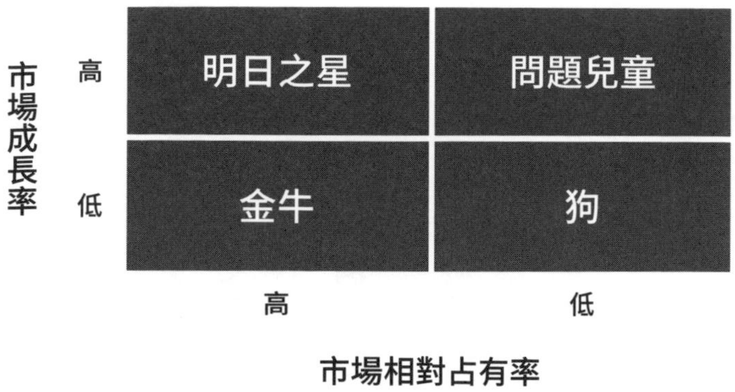

圖 2.2　BCG 矩陣

明日之星，顧名思義就是這個品牌前景可期、值得投資，公司應該要給資源，讓它迅速開店、搶市占率，不急著要求它賺錢。

金牛，是指相對成熟的品牌，可以為公司帶來穩定金流。它的任務不是大幅展店，而是穩定利潤水平，這些資金就可以挹注明日之星發展。

問題兒童，可能是品牌邁入老化，或者經營不善；也可能是新創品牌，獲利尚不穩定，有待觀察。問題兒童的品牌不代表它一蹶不振，只是需要多加照顧，只要策略正確，它也有可能變成金牛。

至於狗，則是這個品牌的市占率和成長率都不理想，獲利也低，如果不設法調整改善，就必須考慮處理掉。

以夏慕尼為例，品牌剛成立時它處於問題兒童階段，不停調整找出正確的營運模組，過些時期它就邁入明日之星，需要公司投入資源，迅速展店。後來，品牌逐漸成熟、市場也趨近飽和，不需要、也不太可能開太多新店，於是它就變成金牛，必須專注穩定利潤。

透過分組討論，事業處主管會先提出他們的看法。如果七〇%的品牌大家都有共識，剩下的三〇%就拿出來深入探討。或者，討論完發現四宮格中，金牛很多、明日之星很少，我們就要探討缺乏明日之星，未來公司發展可能會遭遇瓶頸，是否現在就應該籌備新品牌等議題。**透過這樣的策略探討，各品牌就知道它的定位和目標，公司也可以根據這個結果精準分配資源。**

共享KPI，彼此協作解決問題

確認各品牌的戰略位置後，接著就是由事業處與公司總部各功能性單位，按照各品牌戰略位置進行目標設定與推動執行。這時候，要如何讓各事業處和總部各功能單位形成協作，打造「自驅動能力」，一起向前衝？

於是我推動「共享KPI制度」，也就是讓營運單位和總部功能部門共享KPI。例如，食材成本過高，不會只檢討營運單位，採購部也有責任，因為牛羊豬蝦這些主要食材的採購議價是由採購部負責，所以兩個單位必須共同研究解決方案，看是要改變組合，或是尋找替代材，用共享KPI制度讓他們形成「命運共同體」，他們自然會彼此協作，而不是互相推諉指責。因為部門協作好、績效好，獎金自然就高、晉升機會也多。

過去，蔬菜水果是由各門店自行採購，後來調整為由總公司整合採購，再配送到門店。制度改變後，門店同仁就抱怨，貨的品質不好、單價沒有他們自己買便宜，又說人力沒有比較省。另一邊，採購部說品質都符合標準，單價確實比較省。那陣子，兩邊為了這件事吵得不可開交。

後來我發現，其實癥結不在價格，也不在品質，而是門店同仁的心情問題沒有被解決。過去門店自行採購，缺貨或品質有問題，他們可以就近請廠商處理；但現在由總部統一採購，集發中心配送，如果貨有問題，重新配送時間不划算，門店還是要自己解決，所以他們覺得新的制度沒有省到人力。更重要的是，門店可以做主的業務變少了！

這時候我就發現，大家吵的只是冰山一角，更需要處理的其實是埋在冰山下面看不見的東西。於是我把關鍵的幾位同仁拉進來協助整合，讓大家都有機會發聲，再將配送制度改變，如從一天一配改成一天兩配，透過配送和計價調節，這件事情才逐漸平息。**透過專案小組的協作，讓不同部門形成共享KPI，大家就會專注在解決問題，而不是每個月都拿著報表指責對方。**

共享KPI的制度也可以和前面提到的BCG矩陣結合。例如一個明日之星的品牌，公司設定今年它的營收要成長一〇%，開十家新店，事業處和開發部門就要一起扛這十家店的KPI。如果最後目標只完成八〇%，兩個部門的績效都是八〇%，形成一股跨部門的協作與向心力。

作為主管，我習慣拆解問題，用制度解決問題。尤其是擔任執行長，我的角色是用大部隊的方式，帶領公司一起向前衝，所以讓同仁形成自驅動能力，將企業打造成學習型組織是非常必要的。**透過ＢＣＧ矩陣確認品牌戰略位置與目標，再以共享ＫＰＩ鼓勵同仁協作，組織才能長久運作，主管也不用三天兩頭就忙著解決部門之間的爭端。**而且各部門的ＫＰＩ加起來，最後就是執行長的ＫＰＩ，其實我們也都是生命共同體。

我發現，企業中有些人習慣一手全包，覺得很多業務他可以自己執行，但他可能忽略了團隊可以提供的資源，透過協作其實會更有效率地解決問題。企業會議的目的就在這裡，運用團隊的智慧產生協作，同時形成未來運作的機制。

所以，真的沒有人想要一天到晚開會，也不是為了開會而開會！會議是為了培訓同仁發現問題、協作解決問題，一旦大家產生自驅動能力，而且穩定運作，以後當然不需要開這麼多會。聽完我的分享，那位事業處主管也終於釋懷。

解決不同品牌與部門之間協作問題的TIPS

一、定期檢視品牌發展，調整品牌定位與利潤結構。
二、透過ＢＣＧ矩陣凝聚企業發展策略，為品牌明確戰略位置，精準投入資源。
三、共享ＫＰＩ讓同仁形成命運共同體，鼓勵彼此協作解決問題。
四、透過會議培養自驅動能力，讓企業成為學習型組織。

第12章
從薪資到股權都透明公開，激勵的同時提升信賴

除了讓店長主廚成為股東，將門店的帳務報表「簡單化」之外，公司也讓財務、股份和績效獎金制度「透明化」。

透明到什麼程度呢？

首先是薪資透明。所有的同仁都依照職級表敘薪，職位和職等一目了然，薪資就跟著這張職級表走，每個人也更有努力的目標與空間。

其次，股權與績效獎金透明。

一間門店的股權怎麼設計？邏輯很簡單：總公司占六〇％，營運單位占四〇％。為什麼是這樣的比例？因為公司採集體決策制，如果遇到公司發展、策略擬定問題和風險控管等，就必須由總公司主導，由董事長帶領的中常會一級主管等人進行重大決策。

總公司的六〇％，係依據組織圖架構設計，照職級高低所屬功能給予不同的股份持有，由高而低依序是董事長、副董事長、總經理、其他非直屬管轄的各事業處主管平均各一％左右、總

部的部門主管各〇．五%至二%，大約平均一%左右。如果，未來總部的功能性單位與事業處的人數擴張，持股的人增加，公司也不會去動營運單位的四〇%，而是由總公司的六〇%按比例調整與釋出。

至於營運單位的四〇%，依序由事業處組織圖架構下，由必須對該事業處扛最大成敗責任的事業處主管，持有最大營運股份的二〇%、區域管轄多店的區經理二%、單店店長一一%和單店主廚七%。例如，我擔任夏慕尼的事業處主管，每一間夏慕尼門店我就必須投入二〇%的持股與資金；區經理的持股較少，是因為區經理的權責區域可能負責八至十家門店，加起來可能會是一六%至二〇%的持股。故以上加總的營運股份共四〇%，而這些職務的主管則依其可認購股份，自行決定是否參與入股，且都必須要出錢投資，沒有所謂乾股或技術股。

我輔導過不少新創團隊，發現許多新創公司可能是幾個同學、好朋友一起創立，公司創立時直接平分股權，表示平等和公平。而我一定建議說，這樣的公平其實最不公平，**企業經營基於長期考量，股權一定要有大小之分，遇到關鍵決策或爭端的時候，才有人能夠主導公司經營。**有時候，企業發展不是對錯的問題，而是發展走向的問題，很多家族公司就連兄弟姐妹都會有糾紛了，何況是商場的夥伴呢？**企業經營如果只看到短期，就看不見長遠的未來，在設計股權結構時就應該考慮長遠、思考清楚、事先預防，才能讓企業走得長長久久。**

股權分配裡隱藏的激勵機制

為了鼓勵同仁出去開新品牌、開新店，在設計股權結構時，我不停思考如何讓人才更願意離開舒適圈，向外開疆闢土，因此在股權設計中放入激勵機制，也就是我常戲稱「老鼠會」的入股精神。例如一店的店長本來有一一%的該店股權，如果他願意去開二店，公司就會幫他保留一店三〇%的股權，也就是三・三%，同時他又會有二店開創的原始持股一一%。而一店出缺職由接棒的二代店長出任，承接七〇%的股權，也就是七・七%。

主廚的股權也比照辦理，例如一店的主廚本來有七%的股權，如果他願意去開創二店，公司會幫他保留三〇%的一店股權，也就是二・一%，同時他又會有二店該職位七%的股權。至於接棒的二代主廚，股權就是四・九%。按照這個制度，不斷開發新門店的主管，股權會累進式地「越開發越多」，只要營運有賺錢，主管離開舒適圈開拓更多新店，就有機會累積更多股份，他們就會非常樂意出去開創打拚。

分配股份紅利前，先留營運績效獎金

餐飲經營第一線的同仁最辛苦，因此設計績效獎金一定不能少了所有第一線同仁。當初，績效獎金的設計初衷，源自以人為出發點及一家人的文化，利潤要即時與所有同仁分享，因此只要門店有賺錢，就一定要全員分配。

每一個門店都是利潤中心，所以只要每個月門店有利潤，結算損益後立即分配獎金與紅利，股份很清楚地依據持股比例分配，而每個月的營運績效獎金，是如何分配呢？假設某家門店某個月賺了一百萬，設計的績效獎金制度不是全數按照股權分配，而是先拿其中的二十萬作為營運績效獎金，分配給門店同仁；剩下的八十萬才是依照股權由股東分配。而每個人每月的營運績效獎金和紅利分配也是公開的，同仁彼此之間都很清楚，也都可以依照制度與設計的比例算得出來。

這樣的制度設計下，管轄一家門店的店長主廚收入來源有三種，除了依照職級表的固定本薪，還有營運績效獎金，最後還有入股持份的紅利分配，全部透明公開，除了避免爭議，同時也是激勵同仁：一般同仁除了本薪加上分潤的營運績效獎金，他們看到管轄一家門店店長主廚的獎金和分紅，就會很有動力想向上努力與爭取晉升，工作表現自然也會提升。

第三，除了薪資透明、股權與績效獎金透明，也讓採買價格透明化。

連鎖店管理門店數量多，又分布在各區域城市，其管理的拿捏輕重是一門藝術，制度設計過於偏向防弊，管理成本一定很高，沒管理好就會造成質量出現問題，徒增更多的補救成本，而且遠水救不了近火；如能設計讓門店自驅動管理與事先預防，絕對比稽核成本與補救成本更加划算。

如早期係由各門店自行採買蔬菜水果，各地區同一品項採買價格差異常常很大，為了讓各門店彼此清楚各自採買的物品價格與比價，設計讓所有門店可以上系統查詢各門店、各城市、各區域的各原材料的採買價格。例如一公斤的小番茄，A店買二十三元、B店買二十五元、C店買二十八元，公布之後，門店就會自己比價，還會互相打聽：為什麼你買的比較便宜？他們會主動開發新的廠商、尋找降低採買成本的方法，因為他們想要更節約成本、更有效率，才會更有利潤。

輔導新創團隊時，我也建議他們在各方面應該盡量公開透明。但總是有人說，我每個月領多少錢怎麼可以公開？我有多少股利怎麼可以讓同仁知道？但早在二十年前，王品就這麼做了，為什麼？

因為我們選擇讓店長主廚成為股東、成為夥伴，這些同仁和公司就是生命共同體，所以我必須把財務報表「簡單化」，讓非財務專業的同仁夥伴都能看得懂；而且完全「透明化」，彼此公開誠信、沒有猜疑。

對投資者來說，他們會願意信賴公司的機制而安心入股，共同創業經營；對管理者來說，公開透明也可以減少管理成本，因為同仁會自我約束、彼此監督。而且夥伴們大家都知道，只要店開得越多，有機會領越多紅利；成本控制越好，門店績效就越高，獎金就領得越多。久而久之，越簡單，越透明，同仁就會對公司越加信賴。

持股信託，另一種入股機制

隨著王品在二〇一二年上市，早期設計的股份結構自然必須調整。當時各品牌的門店總共將近百家，不可能再延續各門店獨立的股權結構，但又必須激勵新任門市主管，同時不讓老同仁覺得福利被剝奪，於是根據不同的時空背景、環境與需求，調整了獎金分配的方式。

與同仁共享利潤的信念與初衷不變，績效獎金也隨之調整，簡單說，假設一家門店這個月賺一百萬，公司就撥出三分之一，也就是三十三萬分配給所有同仁。雖然分配的原則不同，但仍然能延續過去每月分紅的傳統，只要賺得多，分配的利潤就多。

過去的店長主廚有固定比例的股權，並與公司經營形成生命共同體，但公司上市後才升任或加入的主管，就沒有股票了，怎麼辦呢？於是在設計新制度時，撥出利潤的一定成數，設計持股信託，激勵主管們一同加入信託入股機制。例如，他們可以每個月提撥薪資的三%到五%，投入持股信託成為股東，同時公司依照各主管的績效與表現，給予不同倍數的提撥數，投入主管的信託帳戶，例如，某一主管於某個月自提撥薪資五%、出資一千元入其信託帳戶，該主管取得最高績效考核，公司最高發放其自提撥數的十倍，就會撥一萬元入該主管信託帳戶，讓他用一萬一千元認購股票；績效次之的，公司提撥六千元，以此類推，只要有利潤則提撥一成數，按績效考核設定比例調整，讓同仁用這樣的方式成為公司股東，同樣可以享有股利。

主動讓利予同仁認股

前面提過，公司準備上市前必須進行股權整併，當時，我還建議決策小組讓出一〇%的股票給予所有同仁認購，但這一〇%要由誰的股份釋出呢？由於每次都要糾結退誰的股份實在太尷尬了，所以我們決定同比例退出。股份高的，退的比率就高；股份較少，依比率退出的股份相對也會較少，但至少大家都退出同比率的股份，非常公平，就沒人有話說。

當時我告訴董事長戴先生，「這樣的做法會讓同仁很開心，覺得高階主管讓利給他們！」戴先生聽了笑說：「人家請的財務長都是幫老闆賺錢，只有我們的財務長一直叫我吐錢！」

為什麼我敢提出這個建議呢？因為我相信，這個時候讓利給同仁，未來我們會創造更大的營收與利潤！假設我們現在有八家店，一家店營收五千萬，總營收四億。雖然今天董事長與高階主管的股權釋出一〇%，但同時我們留下優秀的同仁，也網羅更多新人才，如果因此讓店數拓展到一百家，總營收有可能達到五十億，不是很驚人嗎？雖然股權減少了，營收卻大大倍增。

關於股權結構的設計，其實是一門非常複雜的學問。很多企業、新創團隊都曾詢問過我相關制度與設計觀念，這些觀念我也曾分享給很多人與企業，但要實踐其實不容易，除了技術面的制度設計，更重要的是它的核心精神——**經營者必須真心誠意和同仁分享利潤。**從這樣的出發點設計出來的制度，才能夠足夠透明、經得起檢視，與同仁之間建立根深蒂固的互信。

解決股權設計問題，同時提升激勵與信賴的TIPS

一、帳務報表簡單化，人人看得懂；績效分紅透明化，人人看得到。

二、薪資透明、股權、績效獎金及採買價格一切都透明化。

三、透過股權設計的獎勵機制，鼓勵同仁開創新品牌、新門店。

四、以公開誠信減少管理成本，同時激勵同仁節約成本、提升績效與利潤。

五、透過持股信託，由公司主動讓利給同仁，留住優秀人才，創造更大營收。

第13章 決定同仁去留，要評估「績效」與「綜效」

服務業的核心就是人，因為第一線的服務者與被服務者都是人，所以處於這個位置的同仁能不能把自身的角色扮演好，自然是我最關注的事情。

但是，如果扮演不好呢？

我曾遇過一位主管，他的工作節奏非常慢條斯理，偏偏餐飲業的調性形同作戰現場，手腳或反應慢個半拍，可能會無法跟上整個營運節奏，所以我告訴他，「你在這裡可能很快就會被『輾過去喔，而且我觀察過你的人格特質，可能比較適合往訓練或教育界發展。」

我非常坦白地向他分析他的優缺點，並表示會再給他三個月的時間彼此磨合看看，如果他的工作步調，還是無法符合公司與職務的需求，就會希望他另謀高就。當下他當然非常不能接受，覺得自己認真表現卻遭到否定，我非常能體會他的心情，但畢竟公司需要的是適才適所的契合團隊。最後他離開公司了，而且也真的往訓練方向，成為一個很棒的老師，獲得適情適性的發展機會。

另外，在營運現場也有一位同仁，接待客人很有一套，隨時保持笑臉迎人，對顧客服務備至，總是獲得極高的滿意度與讚美，根本就是餐飲外場第一線人員的不二人選。偏偏他與其他同仁相處時較冷漠，不時會擺出和對顧客截然不同的面孔，有時還會臭臉相待，與團隊的配合度低，造成同仁不喜歡、也不想和他合作。後來，他雖因為傑出的表現升上幹部，但團隊之間無法有效協作，整體績效不佳，幾個月後他離職轉行當業務，在業務領域也創下非常驚人的業績。

我常用戀愛與婚姻來比喻企業內的人事問題：兩個人能不能在一起，是適合不適合的問題，絕不是這個人好不好的問題；兩個人會結婚，是因為彼此最適合，但未必是最好，公司和人才的關係也是如此。我相信，能通過層層關卡加入公司的同仁，一定都有過人之處，但能不能在一個團隊工作，要考慮的是適不適合。

處理人事，難免會遭到同仁怨懟，但我認為，讓公司運作順暢、考量長遠發展、朝企業最大效益化的方向邁進是主管的責任，如果同仁績效不佳、無法勝任職位、不能與團隊合作，身為主管就應該出手解決。猶豫不決、一時心軟，對於當事人與公司都只會是傷害，長久下來造成團隊氛圍不佳，那些認真付出的同仁看在眼裡，會覺得做不好、不努力也沒關係。

我曾看過一句話：「高階主管領的薪水比一般同仁高，其中部分薪水，就是在支付別人對你的不理解和你受的委屈。」我認為確實如此，身為高階主管，經常是高處不勝寒，哪個主管不是同仁茶餘飯後閒聊的話題？但是千萬不能怕當壞人，只要能夠問心無愧，確認自己的出發點是「大我」和公司的最大效益，就該果斷執行、不該拖拖拉拉，真心誠意、坦白明確地和不適任的同仁溝通，既然不可能讓所有人皆大歡喜，那就看開吧！雖然無緣共事，只要他願意，我們還是可以維持這份情誼，盡可能把關係建立好，好聚好散，因為就算是不合適的同仁，他依然是我們曾經的夥伴與客人。

同仁不適任，企業要負最大責任

我任職執行長及總部主管時，常遇到一些單位主管於會議中或年度計畫中提出，想要擴編組織、功能或人才的需求，剛開始只要主管們提出需求與理由、效益並符合未來預算，我通常不太會有意見。然而，不時發生主管抱怨新職務或新進人才與其預期差異大、效益不彰，最後總是「分手」收場，造成企業與人才彼此都受了很大的傷害。公司內就曾經發生，單位主管想將長期外包功能，拉回於組織中設立單位，並尋找專業人才，但過程一直不理想，後來人才招聘了，但沒多久也離開了。

類似事件發生不只一次，分析探究原因，大都是因為沒有設想清楚組織需求、職務功能、工作內容及需要什麼樣專業能力與特質的人才，及長期的期待效益，就急於想解決某件事或增加某職務功能，感覺是「為做而做」，結果造成人才進入公司後，無法完全滿足所需及期待，最後還是離開了。

因此，**我要求明訂組織中各單位的功能與職掌外，也要清楚企業所需職務人才的需求，並從企業本身的核心價值、專業職能與管理職能三方向，著眼設定需求職務，再依此尋找人才，不但需求明確、快速且減少失敗率。**

企業在選、用、育、留的各環節，都應該將制度設計明確，尤其最重要的是一開始招聘選才前，確定真的需求此功能、此職務的人才，並將組織需求人才的樣貌、專業能力與管理需求等設定清楚，選擇彼此相契合的人才，才能減少「分手」的機會。

評估人才的「績效」與「綜效」

評估一般同仁適不適任，我會先檢視公司賦予他的目標任務。如果有設定具體目標，但他無法達成，可能有幾個原因：第一，目標設太高；第二，他本身能力與公司需求不同或不足；第三，他不夠努力。

如果是目標設太高，應該和他的主管共同檢討，重新修正目標；如果是他能力不足，就要檢討目前的職位是否適合他，或者有哪些方法可以激勵他的潛力和績效；如果目標設定沒有問題，他也清楚知道目標卻不作為，那可能就是他不願意努力，從這樣的人格特質及態度可以判斷他不適任。

如果沒有設定目標，或同仁不清楚任務，我就會先檢討他的主管，是否有程序問題或帶領問題，是否沒有把目標說明清楚，再進一步擬定目標。所以同仁犯錯時，我都會先問他們是否知道公司的相關規範？如果他們真的不清楚，就是情有可原，反而是他的主管應該被檢討，是教育訓練沒做好，或是溝通傳達出現落差。

至於中高階主管的評核，我則同時參考觀察量化數字和質化分析。量化數字包括營運數字、利潤數字、消費者滿意度，以及同仁回饋的意見調查。質化分析則包括單位的前瞻性、專案執行成果、團隊工作氣氛、是否有自我主張和創新作為等等。如果一位中高階主管，只關心自己的業務，而沒有觀點或對公司的發展或策略提出建樹，很容易變成只處理行政作業的部門，而不是策略型的部門，所以有洞見、願意提出新點子，也是我重視的評核標準之一。

此外，我認為擔任主管，除了能力和績效，能不能和團隊合作，創造「綜效」也很重要。曾經有一位主管，聰明、反應快、績效好，但我發現當他升到某個主管位階時，卻開始無法勝任；因為他認為其他同仁都是笨蛋，什麼事情都搶去做，最後自己累得要命，下面的人也不敢動手。

後來，我分析給他聽，「你的能力是一百分，但團隊協作力只有二十分，綜效是兩千分；另

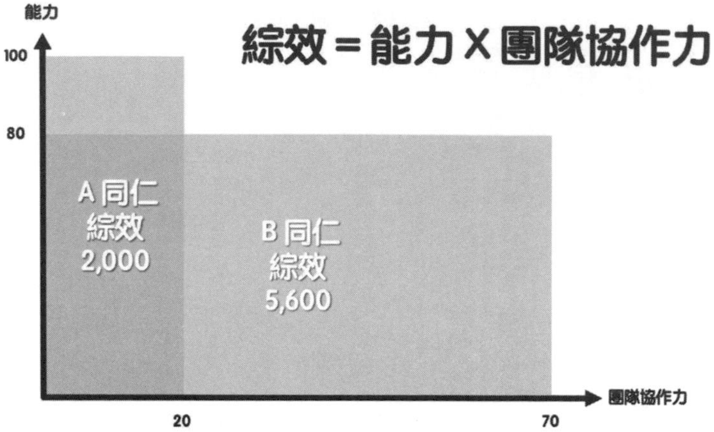

圖 2.3　綜效＝能力Ｘ團隊協作力（製圖／趙胤丞）

一位同仁能力只有八十分，但是他能帶動團隊合作，產生七十分的團隊協作力，綜效就有五千六百分。你覺得我應該選擇誰？」我告訴他，他真的很優秀，但擔任管理職要讓整個團隊強，不是只追求個人強，過於自傲反而產生不了綜效；如果他認為十個同仁都不好，我個人反而會覺得其實是他有問題。

有一次，公司有一個主管職缺，各單位推薦了三個人選，其中有位同仁績效非常好，但最後我選擇的不是他。他對晉升結果很不服氣，又不敢找我討論，於是工作表現越來越消極。後來，他終於問我：「這些人選裡我績效最好，我不懂為什麼你選別人，沒有選我？」

我告訴他，「我是故意挫你的銳氣。你確實是表現最優秀的，但同仁和你工作很緊張，不敢表達意見，大家看到你都閃躲，他們覺得既然你那麼厲害，都留給你做就好。你必須接受挫折，懂得什麼叫失敗，不然你永遠不能同理為人部屬的心情。」

既然他願意來找我，我也很真誠地告訴他，「如果你能在團隊協作的部分做出改變，你未來的發展會比別人好；如果你無法調整自己，那你的發展大概就會停滯在這裡。」**因為一個團隊中，一枝獨秀是沒有用的，就像在統計的常態分配裡，極好和極差的兩端會被篩除，能力太差當然不行，太優秀卻無法與人合作，也不是目前團隊需要的人才。**

從讀人、用人到帶人

讀人和用人，是身為主管的必修課，我也常在會議上和同仁分享我如何讀人和用人。

除了量化質化、個人績效和團隊協作力，我也會觀察同仁的情緒掌控能力，如果常因為一些小事就抓狂，就不適合當高階主管。和同仁一對一交談時，我也會觀察他的眼神，敢不敢直視我，不夠誠懇、自信不足的，也可能需要多磨練。

和同仁共事的過程中，我也會觀察他有沒有主張和想法，如果必須一個口令一個動作，就表示他不會提出自我主張，甚至缺乏獨立的思考能力，這樣的同仁就屬於「看守型」；至於點子很多、做事很衝，遇到挑戰反而越挫越勇的，就屬於「開創型」。**讀人用人，就是要讀出同仁是哪個類型，再為他安排適合的位置。**

早期在會計師事務所時，我交了一份報告給事務所的老闆，其中的比價分析其實不太合理，但他沒有罵我，反而把我叫到大樓窗邊，城市風景一覽無遺，他指著下方一塊空地問我：「你覺得那塊地多少錢？」我說：「一坪大約三十萬。」他聽了就說：「都市的精華土地一坪三十萬，你那份報告裡工業區旁土地一坪也三十萬，你覺得合理嗎？」我二話不說，馬上東西收一收，很不好意思地離開。

我很感謝這位老闆，他沒有直接退我的報告，而是引導我思考。所以我在帶同仁時也很少直接下指導棋，而是先問他們：為什麼你要這麼做？你想達到的目的是什麼？你想解決什麼問題？引導他們思考，釐清真正的問題後，我們再一起探討解決的方法，他就會很清楚地知道哪些問題才是重點，哪些問題根本不是問題。

所以有同仁告訴我，剛開始和我工作時很不習慣，因為他過去的主管是「將軍打仗」，叫他衝就衝，要他停就停。但和我工作，我都不會直接給答案，而是先問他為什麼。

用引導代替指導，也是因為我不是餐飲出身，也不是從現場起家，談起烹調、端盤子、服務客人，同仁比我厲害多了！而且我認為餐飲業是服務「人」的工作，應該更有人味，不能像會計師的業務可以一針見血。而我的強項是幫助同仁梳理問題，同時在解決問題的過程中運用我的專業，系統化地解決問題。

從自己擔任主管，和帶過這麼多主管的經歷，**我認為能勝任主管的人除了要在基本的專業能**

力上有出色表現，更要同時懂得「讀人」——讀出同仁的專長與性格；接著懂得「用人」——為這些人安排最適合的位置，若公司沒有適合的位置，則讓對方有機會選擇更好的去處；最後則是「帶人」——不是強勢命令或指示，而是帶領同仁思考與判斷。具備這些能力，更能從一開始就找到對的人。

解決同仁不適任，一開始就找到對的人的TIPS

一、公司與人才就像戀愛或婚姻，不是好不好，而是適合不適合。

二、以人為本，面對下屬缺失時誠懇溝通，但不要怕扮黑臉，明快處理才是上策。

三、設定明確的組織架構、職務職能需求與人才樣貌，才能減少招聘的失敗率。

四、以量化數字和質化分析客觀評核同仁績效，挑選能創造團隊綜效的主管。

五、以引導代替指導，幫助同仁釐清問題，透過建構系統化解決問題。

第14章 設計分享與讓利機制，形塑穩固的夥伴關係

二〇〇三年，王品開始開發中國餐飲市場。當時中國門店也是採各店獨立股權，我們決策小組都有入股。當時，有一群台灣幹部背負行囊遠赴他鄉，我們非常感謝這群夥伴願意離鄉背井為公司打拚；所以初期決策小組就決定，只要中國的事業處有獲利，我們的盈餘就全數轉發給這一群台灣幹部。大約維持了三年左右，直到中國事業處獲利穩定，才回歸正常機制。

二〇〇七年為了籌備上市，股票公開發行，必須將過去每家店股權獨立的制度整合成一家公司，而進行股權整併。過程中我則建議決策層釋出一〇%的股權大方給同仁認購，當時股權整合進行公投，高達九五%同意。王品上市後，公司也將三分之一的利潤分配給所有同仁，延續過去即時分享的傳統：假設公司每個月營收一百億，利潤七%，等於賺了七億，我們就把七億的三分之一，大約二．三億分配給同仁，賺的多，分配的利潤就多。

到了二〇一五年，全台爆發食安事件後，我臨危受命接下執行長。當時的王品可以說是業績跌到谷底，公司形象不佳又面臨經營者交棒，而且業務虧損，全台關了六十家店左右，同仁人

心惶惶。為了穩定同仁的心，也穩住營收，我依然建議董事長：「我們兩人捐出二分之一的獎金給中高階主管，鼓勵同仁積極衝業績，一起度過這個難關。」

特殊時刻，需要特殊的激勵辦法，鼓勵同仁衝營收、衝利潤。這時候我們又增設了「成長獎金」的加碼績效獎金，成長獎金的設計為無論營收或利潤增長，除原績效獎金外，加發增長數的增額成長獎金。利潤的產生，不外乎營收增長產生邊際貢獻及利潤率的提升，因此可能會有下列三種增長情形（假設原營收一百億，利潤率七%，利潤七億）：

一、如果營收增長，利潤率不變∴營收從一百億增加到一百二十億，一百二十億×七%＝八．四億，比原獲利增加一．四億。

二、如果營收不變，利潤率增長∴利潤率從七%增加到八%，營收一百億×八%＝八億，比原獲利增加一億。

三、如果營收與利潤率皆增長∴營收從一百億增加到一百二十億，利潤率也從七%增加到八%，獲利為一百二十億×八%＝九．六億，比原獲利增加二．六億。

過去將利潤的三分之一分配績效獎金，而成長獎金的設計，則是在績效獎金正常發放下，以各門店營收或利潤數，高於過去的增長數再加發獎金，如上例營收超過一百億的增額數就提撥分配、利潤超過的增額數也分配，而且增額發放獎金比率比過去的三分之一更多，透過這樣變動的加碼績效獎金，鼓勵同仁向前衝。

記得二〇一五年公司業務虧損，當年勉強擠出一元的股利，但成長獎金推出後，次年每股盈餘馬上升到三元，到二〇一七年再升到六元，二〇一八年就大致穩定回歸過去的水平，我也覺得完成階段性任務，是時候卸任了。

一路以來，我看見王品始終堅持分享與讓利的企業價值觀，即使在公司非常危難的時刻，高階主管依然不輕言犧牲同仁福利。所以當時的人才與績效策略，也是基於分享與讓利的價值觀所提出。結果也再次印證，只要公司願意分享、願意讓利，願意和同仁形成夥伴關係，站在同一陣線，同仁不只會得到實質的獎金收入，也會感受到公司的承諾與關懷，自然就會產生無限大的自驅動能力。

我認為無論公司規模大或小，都可以設計出有效的利潤分享機制，只要先找到當下公司面臨的情境、衝突與問題，知道公司欠缺什麼，適合什麼樣的激勵辦法，剩下的就是看績效獎金的分配邏輯和制度如何設計。

不過，這種特殊時期的激勵辦法也可能產生不公平。例如王品有二十多個品牌，每個品牌的成長幅度與品牌競爭力都不同，例如「明日之星」品牌代表有機會快速成長，擴大市占率；而「金牛品牌」代表雖然營收穩定、成長幅度有限，但利潤則較有空間。面對成長獎金的激勵辦法，明日之星的營收增長優勢一定大於金牛。所以，我會鼓勵金牛品牌，營收成長有限沒關係，把獲利的餅做大，同仁一樣可以多分配到增額利潤。

在設計制度時，設計者也要很清楚，特殊時期的激勵辦法是特效藥，不宜長久實行，而且福利一旦給出去，要收回來就很難。所以，在公司度過危機、利潤穩定後，我們就將成長獎金回歸正常，改成推動持股信託，讓中高階主管認購股份。過去成長獎金是驅動所有門店同仁，改為持股信託後，則是驅動中高階主管，讓這些主管再去驅動他的夥伴，雖然激勵對象不盡相同，但核心仍是分享與讓利。

用SCQA找到問題，再對症下藥

很多人都想參考王品的股權設計和績效制度，我在分享時，除了說明我們怎麼做，也會建議對方用SCQA架構自我診斷。S是情境（situation），C是衝突（complication），Q是問題（question），A是答案（answer）。

企業診斷一定要先了解「情境」，如果不了解情境，遇到問題就下解藥，往往不會得到好的結果。再來，這個情境中產生什麼樣的「衝突」？這個衝突中有哪些「問題」？尤其是隱藏在深層的問題核心是什麼？將問題一一列出後，才能對症下藥，找出對的「答案」。

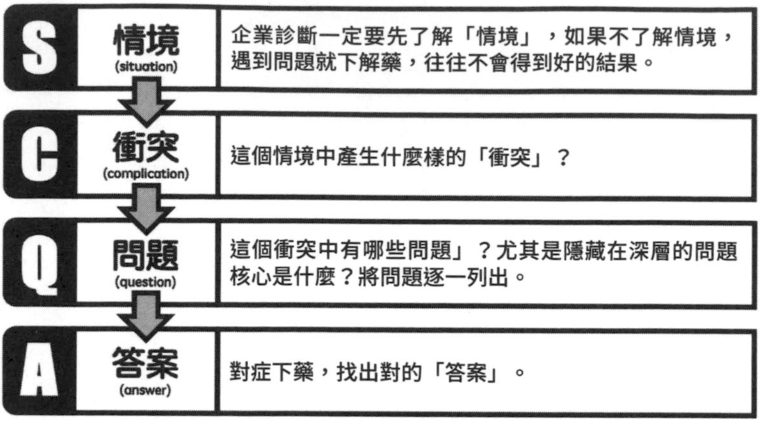
S
情境
(situation)
企業診斷一定要先了解「情境」，如果不了解情境，遇到問題就下解藥，往往不會得到好的結果。
C
衝突
(complication)
這個情境中產生什麼樣的「衝突」？
Q
問題
(question)
這個衝突中有哪些問題」？尤其是隱藏在深層的問題核心是什麼？將問題逐一列出。
A
答案
(answer)
對症下藥，找出對的「答案」。

圖 2.4　SCQA（製圖／趙胤丞）

早期任財務長時，有位事業處的同仁向我抱怨：「你們財務部很不會規範制度耶！我們營運單位試菜，財務部的人居然叫我們買單！一百多客耶！我都還沒開始營運，他頭殼壞掉了嗎？」後來我詢問財務部的同仁，同仁說：「營運單位說要試菜啊！我問他是不是整套全盤出，他說是啊！所以我請他買單，哪裡錯了嗎？」

一聽我就懂了，他們一個說的是「試營運」，一個說的是「試菜」，兩個情境根本不一樣！

公司規定，門店開幕前的試營運稱為Family Day，同仁可以帶家屬來用餐且進行公關招待等，門店會列出清單且不用買單。一方面是照顧同仁與公關維護，一方面是為了迎接正式營運，趁這個時間讓門店不斷運作，試營運的食材成本和人力就當作是培訓。

但如果是新菜開發的試菜，通常不會吃整套

餐，可能只試牛肉，或只試某一道新菜。但如是同仁或主管巡店的試菜，同消費者般的試菜，可以開單之後回公司報帳。至於其他時間，所有的人與消費者一樣，無論是董事長或一般同仁，只要到店裡吃飯一律買單，沒有任何例外。

所以財務部問營運單位，有沒有出到整套餐？營運單位說有，他就以為同仁在店內用餐，必須現場買單。我說：「你們一個說的是巡店的試菜，一個說的是開幕前試營運，彼此都沒有問清楚。」這就是對於情境的認知不同，如果沒有先釐清情境，再怎麼探討也找不出答案。

還有一次，是我兼人資長時，某個假日手機響了，我一看是門店就接起來。對方說：「你是人資部秀慧嗎？」我心想，會叫我秀慧的應該是主管，因為公司同仁不是叫我Annie，就是叫我大美女。我說：「是啊，請問你是哪位？」電話那頭說：「我是某家店的行政會計，今天是一號，我要算薪水，但是電腦系統一直出現bug，你知道是什麼問題嗎？」我回答：「不好意思，系統操作我不太熟悉……」對方聽了就說：「你不是人資部的嗎？怎麼連這個都不會？」我聽了真是哭笑不得，「我是人資部沒錯，但……你知道我是誰嗎？」

為什麼會發生這樣的情境？事出必有因。原來，公司的通訊錄把各部門主管列在第一位，所以我就成了人資部的一號。那位同仁剛進來不久，根本不認識我，他要找人資部，很自然地就打給通訊錄上第一位的秀慧。

顯然設計通訊錄的人，和使用通訊錄的人邏輯不同。設計的人覺得要尊重部門主管，於是把主管列在第一位；但使用的人通常是要做業務聯繫，這些事情當然不會是找部門主管。所以我告訴同仁，這樣的系統設計會誤導，以後通訊錄要區分清楚才行。那段時間大家都知道這個「請叫我秀慧」的笑話，雖然我也覺得很好笑，但這件小事一定也顯示出某些公司運作上需要改善的細節。

每間公司的情境不同、問題不同，如果只是把王品的制度整套照搬，一定不會完全適用，因為策略發展源自公司的理念與價值觀，還需要搭配組織架構、人才，適度做出調整。

二〇一五年的危機也可以用SCQA分析，當時公司的「情境」是形象不佳、業務虧損，同仁們很不安。「衝突」也就是劇烈變動的關鍵，在於經營者交棒，公司面臨轉型。在人才與績效方面，我要立刻解決的「問題」是盡快穩住同仁的心，透過制度設計，讓同仁專心衝營收。於是績效獎金的設計以及成長獎金，就是我在這些情境下提出的「答案」。

先奠立分享讓利的企業文化，再用SCQA架構設計企業適用的制度，就能用所有同仁都能接受的方式，達到分享公司成果、團結全體成員、打造自驅動力的成效。

解決和同仁共享利潤的機制，打造自驅動力的TIPS

一、透過利潤分享，讓同仁產生自驅動能力，鼓勵同仁衝營收、衝利潤。

二、設計特殊時期的激勵獎金制度，在危急時刻留住人才、提高績效。

三、福利給出去容易，收回來很難，階段性目標達成之後，可以透過其他分享利潤的機制取代。

四、運用SCQA為企業診斷，了解埋在冰山底下的問題核心，才能對症下藥。

第15章 尊重所有同仁的角色，讓每顆螺絲精準發揮功能

在會計事務所工作時，我曾到漢翔航空工業，著名的「經國號」戰機就是在那裡生產。當時，他們帶我參觀飛機製程，有一台機器手臂正在製造螺絲，對方告訴我：「一架飛機有非常多的螺絲，每一個螺絲洞都要非常精準，絕不能歪掉，因為洞一歪，螺絲就鎖不緊，出事率就高。」從事餐飲業以後，我也覺得每位夥伴都是不可或缺的螺絲，每個職位都有它的專業。

一間門店中，「廚藝」和「服務」往往是最被關注的兩個功能，人力配置也最多，畢竟餐廳就是要讓顧客吃得滿意、吃得開心。相形之下，行政工作就顯得比較幕後，時常被忽略，但有一次，一位行政同仁卻成了修補顧客關係的關鍵。

當時，這位櫃檯的行政同仁正在幫顧客買單，他發現顧客的表情怪怪的，似乎不是很愉快。於是他問了一句：「您今天用餐狀況還好嗎？我們的服務有沒有需要改進的地方？」顧客被他這麼一問，不悅地說，「你們今天很忙喔？服務人員答應要幫我們慶生，結果都沒有來，我們都要走了！」

同仁聽了立刻請店長來處理，馬上為顧客的餐點打折，再送上小禮物。因為這位行政同仁的敏感度，當下多問一句，才在最後一刻補救了疏失，彌補一個不完美。所以，千萬別小看那些似乎不太重要的角色，他們可能是打造愉悅用餐體驗的靈魂人物。

就像跳傘員再優秀，也不能沒有摺傘員，不要以為摺傘的人不重要，如果傘摺得不好，小疏失就足以威脅生命，所以摺傘和跳傘一樣需要被培訓。我也相信，**不同功能角色都應該被培訓，因為每個職務都有可能影響顧客的感受，不只門店運作需要團隊作戰，教育訓練也需要團隊作戰。**

我擔任夏慕尼總經理時，曾接過一次顧客抱怨，「你們同仁很沒有水準！客人還在，他們居然在櫃檯吃鹹酥雞！」原來當時有一桌客人用餐後坐在店裡，聊到三、四點還沒有離開；同仁覺得兩點半之後就是空班時間，於是買了鹹酥雞在櫃檯聊天，結果就被準備離開的客人看到了。

客人來吃法式鐵板燒，離開時卻聞到濃濃的鹹酥雞味，當然會覺得不愉快。可是同仁有錯嗎？當時確實是他的休息時間啊！但客人只會認為同仁的行為影響公司形象。一個無心的舉動，出現在不對的時間、不對的位置，就造成顧客觀感不佳，所以後來規定，空班時間如果還有顧客，飲食也必須到廚房或顧客看不到的區域。

顧客在乎的還不只如此。

有一次，廚房同仁在休息時間聚在店外的巷子聊天，可能是聊得太開心，沒有控制音量，偏偏就被剛才在店裡用餐的顧客看到。結果〇八〇〇又來了：「為什麼你們的師傅脫下制服之後，好像就不太在意服裝儀容和公司形象？」

所以我常告訴同仁：「不要以為顧客不知道，顧客的視角其實會延伸到門店以外，你穿著制服在外面嘻嘻哈哈，他就覺得觀感不好。」後來公司也規定離開門店要脫掉制服，也提醒同仁在公司周圍還是要注意基本禮儀，「對客人來說，就算空班及下班了，你穿著制服還是代表這間公司。」

有時候，這些經驗也會幫助制度和流程修正得更完善。例如有一次客人反應：「你們的奶酪為什麼是鹹的？」店長聽了很緊張，一嘗果然是鹹的！明明廚房的鹽罐和糖罐都有標明「鹽」和「糖」，而且放在固定的位置，怎麼會搞錯？

原來同仁使用時不小心放錯，把鹽罐放在糖罐的位置，而且剛好沒有讓「鹽」字朝外。下一位使用的同仁，就按照習慣的位置順手一拿，於是就讓客人吃到鹹奶酪。後來，我們就思考如何改善流程，並且訓練同仁未來減少這樣的錯誤，門店同仁就想到在罐子上貼滿一圈「鹽」和「糖」，保證什麼角度都看得到。

這些故事現在講起來雖然好笑，卻印證了每個角色都很重要，而且顧客都看在眼裡。**所以除了尊重同仁，把對的人放在對的位置，讓每個螺絲發揮功能；團隊合作還需要完善的教育訓練，發生錯誤就設法除錯、修正流程，讓每個螺絲精準互補，機器就會正常順暢地運作下去。**

部門沒有大小，尊重彼此的專業

每個角色都有其重要性，部門之間也沒有誰大誰小。

某一次的經營會報，店長主廚都回來開會，一位經理接到電話，某間門店內外場的代理人發生爭執，吵得面紅耳赤。經理放下電話說：「等一下我要回去罵他們！看是誰先開始吵的！」

原來是大廳代理人覺得內場不配合，導致流暢度不夠，周轉不順利；內場代理人覺得大廳的態度很差，又愛刁難他們，明明廚房還在準備，大廳就一直接單。彼此都覺得對方很難合作，吵到快要打起來，其他同仁嚇得不知道該怎麼辦。

我告訴經理，「換一個角度想，我們應該要很感動！他們不是為了自己，是為了他的團隊，而且顯然他們都捍衛了自己的團隊。一個主管這麼在乎他的團隊，其實是值得讚揚的。」

我們應該思考的是，是不是教育訓練的過程中沒有讓他們探討團隊合作，以及大我和小我的關係？所以他們只會站在小我，也就是自己部門的立場，而看不見大我，忽略了團隊運作，就是不夠認識彼此，才會產生衝突。

如果只有大廳和內場，就算廚藝和服務再強，這間店也不可能運作，還需要有人在櫃檯買單、有人在吧檯做飲料，排班時每個工作站都要有人力，而且銜接順暢，整家店才能順利營運。所以後來我鼓勵同仁多元歷練、跳崗學習，有機會多擴展視野，大廳到內場實習，內場也到大廳體驗，了解彼此的工作流程，深入對方的視角。我希望創造這樣的機會，讓同仁尊重其他夥伴的專業，在團隊運作時更有同理心。

發生衝突，是態度的問題

雖然兩位代理人發生衝突，但我當下想的不是教訓夥伴。因為他們的出發點是好的，我感受到他愛他的團隊，他想維護團隊的專業。而且我認為，**職場上應該允許「有建設性的衝突」**，我也鼓勵大家表達出來，如果都悶在心裡不說，或一說出來就被主管罵，以後大家都不敢討論，團隊力也就無法凝聚。

當部門之間產生衝突時，身為主管該如何處理？很多人第一時間會想到：讓他們當場對質！但我最不喜歡這種做法。**對質，只是在處理「對」和「錯」，但往往衝突都是發生在灰色地帶，其中一定有些無法被具體明訂的內容；既然無法規範清楚，再怎麼對質也沒有用。**

我的處理方式，通常是先看衝突的當事人是誰？以及他們為何產生衝突？如果是基層同仁，我會試著理解他的出發點，如果他是為了維護團隊，那我就會認同他的態度。只是因為他還不夠成熟，我們應該教育他、幫助他增加視野，更深入公司的價值觀。

如果對象是中高階主管，我就會比較嚴厲。因為我認為晉升到中高階，應該要有犧牲奉獻的精神、要比別人更雞婆，有「別人不做，我撿起來做」的態度。會發生衝突，就凸顯彼此沒有合作力，不願意放下身段多做一點、不願意主動探討灰色地帶的分工，我認為中高階主管不應該缺乏這樣的判斷能力。

尤其身為高階主管，更應該把大我放在小我前面，因為我們總是在做兩難的選擇，就是因為沒有正確答案，才會需要我們拍板決策。所以高階主管要很清楚企業的價值觀，才能在兩難與衝突發生時做出正確抉擇，才能在灰色地帶引導同仁繼續往同一個方向前進。

為何我不贊成對質？曾經有一次，總部的功能部門抱怨資訊部的程式寫得不好，沒有滿足他們的需求，導致專案成效不佳。另一邊，資訊部又抱怨他們只是照著功能部門的需求去設計，是對方提出來的需求不夠完善，又一直修改。兩個部門就吵了起來，主管讓兩方當場對質，雖然協調解決了事件，但兩個部門從此壁壘分明。

我也曾處理過類似的案例，但我沒有找雙方來對質，因為比起爭辯誰對誰錯，我更在意的是這段時間，兩個部門的主管為什麼不找對方溝通？為什麼不透過會議解決衝突？我認為在合作過程中，主管的參與度一定不夠、解決衝突的能力也不夠，合作力也有問題，否則這些衝突就不會發生，也不會因此延誤專案時程。既然問題在於態度，我何必讓你們對質？

所以我推動「共享ＫＰＩ制度」，鼓勵部門合作，形成「命運共同體」。部門之間必須共同探討問題、彼此協作、找出解方，好的協作就會產生好的績效，也就有好的獎金與晉升機會。

我相信，唯有尊重每個細部的螺絲，並讓所有螺絲在器械上順暢地運轉，才會激發出巨大效益，而這樣的團隊合作力來自於企業的中心思想和價值觀。透過教育培訓和案例分享，時常將這些價值觀灌輸給同仁，讓大家走在一致的方向，就能產生團隊的共享與合作，即使遇到處於對錯之間灰色地帶的問題也不用擔心，團隊自然會共同激發出讓整體更好的解決之道。

解決部門衝突，讓每個角色精準發揮功能的TIPS

一、看似不起眼的職位，卻可能是打造顧客滿意度的關鍵角色。

二、門店營運和教育培訓都需要團隊作戰，讓每顆螺絲精準發揮功能，才能順暢營運。

三、衝突來自於不夠認識彼此，所以要鼓勵同仁多元歷練，增加視野，凝聚團隊合作力。

四、對質只是處理對錯，面對灰色地帶的態度更是重要，必須用企業價值觀引導同仁。

五、中高階主管要有雞婆精神，以小我成全大我，放下身段主動參與。

第16章 明訂中心思想，讓同仁建立相同的行為模式

有一段時間，我身兼夏慕尼總經理、人資長和中國總部主管，那段時間真的忙到分身乏術。當時，我和人資部同仁常用MSN開會，每次一上線，就被各種問題轟炸，「明年基本工資調漲，我們要調多少？要不要去調查業界薪資水平？」「勞檢局來檢查，有一些項目建議改善，我們要不要改？」

我心想，奇怪了！夥伴們的人資專業應該比我強啊！怎麼大小事都來問我？後來，我才發現，同仁習慣等待主管下達指令，一個口令或指令他們才敢進行一些專案與變更；而且有些主管也習慣同仁事事徵詢，較少授權。但我認為，**每家企業、每個部門都應該有自己的中心價值，如果你清楚公司與部門的中心價值與主張，遇到事情就知道怎麼判斷，不需要一一請示。**

後來在例會上，我問同仁：「身為人資單位，你們知道公司人資政策的中心思想是什麼嗎？」大家面面相覷，答不出來，「如果不明訂中心思想，你就不知道為何而戰？碰到灰色地帶你就不知道怎麼判斷。」

我認為人資部的價值，在於找到優秀的人才並發展優秀人才，提供教育培訓，讓同仁有收入、有學習、有成長，讓人才願意留下來。所以我們的中心思想是「以人為本」，至於人資政策，我送給他們十二個字：「合於法令，優於業界，具競爭力。」

有了這十二個字。剛才那些問題還需要問我嗎？勞檢建議改善的項目，就算只有一絲絲介於合法與不合法之間，當然是要合法！基本工資從一百四十元調高至一百五十元，雖然我們原本是一百五十六元，但這樣有優於業界嗎？只差六元有競爭力嗎？如果無法判斷，是不是就應該去調查？

我自認是很懶的主管，也不喜歡整天被電話、訊息淹沒。我更希望定期溝通，權責分清楚，而不是每件事都問我 Yes or No。所以自從我訂出這十二個字之後，人資部同仁就很清楚自己的角色功能，問題自動減少一半，我終於不用天天被詢問的訊息轟炸了。

中心思想也需要定期檢視

掌握中心思想，無論是企業經營、品牌經營或管理功能部門都適用，先清楚為何而做（why），才知道要怎麼做（how），以及做什麼（what）。

王品為何存在？因為當初戴先生告訴我，我們一起創業，做出成績讓做餐飲的人被看見。夏慕

願景、使命、價值觀

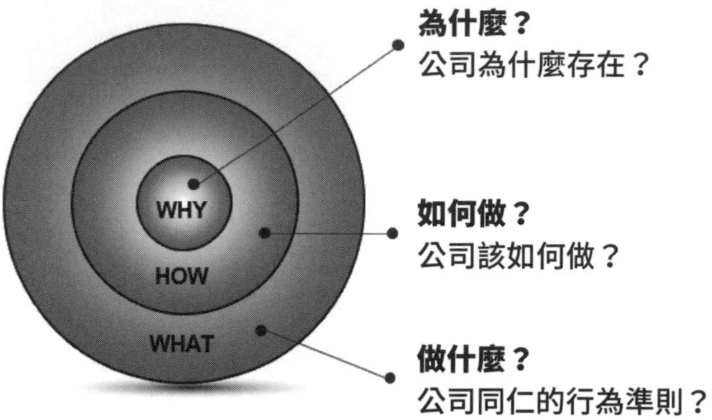

圖 2.5　掌握中心思想

尼當初為何存在？因為我想要做出讓顧客「先嘗嘗鮮」的獨特鐵板燒，並帶著顧客的味蕾去旅行。

中心思想明確以後，也不是從此不改變，因為時代在變，中心思想也需要彈性調整。所以每隔一段時間，我就會要求同仁回頭檢視。例如，我加入王品時，戴先生希望餐飲業被看見，多年後餐飲成了顯學，我們就必須思考下一個階段的中心思想是什麼？王品想成為什麼樣的存在？我們還能為社會、為夥伴創造什麼？所以後來接執行長時我告訴同仁，「我希望王品成為同仁的創業大平台，大家在這裡盡情發揮，讓越來越多品牌從這裡走出去。」

經營夏慕尼也是，我們希望用法式鐵板燒招待顧客，既然是「先嘗嘗鮮」，該熱的就要熱，該冷的就要冷，用最快的速度讓客人品嘗；既然是味蕾的旅行，菜色就不能一成不變，主廚應該研發新菜色，讓顧客有新鮮感。

明確中心思想，再往下展開就很容易。當同仁與公司和我的價值觀一致，他們處理事情的優先順序就和公司與我一樣。所以我很在乎「觀念」，讓同仁知道公司會這樣做決策、主管會這樣處理，讓他們建構和公司與我雷同的行為模式，就算遇到灰色地帶，也比較不容易無所適從；而品牌的經營也是一樣，要讓同仁清楚知道所在品牌的芬芳。

所以我常告訴同仁：「一個品牌到底有沒有靈魂，就在於某些理念是否持續實踐，形成品牌特色，散發出它的芬芳和品牌力。」

九五%的成功率與九五%的失敗率

每個主管的風格不同，有的人習慣事必躬親，大小事一把抓；有的人不敢放手授權，導致部屬也不敢做判斷。我的管理原則是「例行業務」交由同仁做專業判斷，我只管理「異常」。

異常、衝突或同仁真的不知道該怎麼處理時，就是我的職責。高階主管常會遇到兩難的情形，兩條路都可以走，但都會遇到挑戰，我要選哪一個？就是有兩難，同仁才需要主管拍板，因為我們的歷練、判斷風險的經驗都比同仁多，這也是主管責無旁貸的責任。

但在拍板的過程中，我還是習慣引導同仁思考，因為我希望我們是一個學習型的組織。所以同仁來徵詢意見時，我都會先問：「你覺得呢？」先讓他們表達看法，我就能從中了解他的動機和態度。有時候，同仁會說，他很驚訝有時候我很輕易就讓他的提案過關，但有時候我怎麼樣就是不讓他通過。其實也是有原因的。

有些提案，我一聽就知道可能九五%做了也不會成功或效益不大，但我看到同仁很有熱忱，我知道就算不成功也沒有太高的風險，而且成本不會太高，何必澆熄他的熱情？讓他試一試也無妨，真的失敗就當作付出學習成本，他也會有成長。這種時候我就會裝傻，睜一隻眼閉一隻眼讓他去試。

但有時候，同仁的提案是九五%會成功，失敗率只有五%，但這五%的風險非常高，甚至會讓公司付出很高的代價，說什麼我也不會讓他們做。曾有位主管，告訴我有廠商進口某件商品，是國內沒有進口的，但客人很喜歡，一定會熱銷，雖然不完全合法，但業界都這麼做，而且被查到的機率非常低，就算被查到責任也不在公司，他問我要不要進貨？

我當然一口否決。雖然風險評估只有五%，而且責任不在公司，但你明知不合法的擦邊球還進，就是違背法律、欺騙消費者，不符合公司的價值觀，就算九五%會成功，我也絕對不會同意。

在同仁「被賦權」的過程中，需要忍耐與等待

學習授權也是高階主管的必修課，我們要懂得節制權力，要練習不急於出手。我看過很多優秀的同仁，能力強、執行力高，但升上主管就不太適任，因為他節制不了自己，什麼事都衝去做；他很強，他的團隊就不強，因為同仁都在等他下指令。

而且我知道，有時候就算我幫同仁做了決定，如果他內心不認同，最後的成果也不會好。重點是要讓同仁和我站在同一個角度，我只要在前方引導他，培養他的自驅動能力，而不是在後面拚命推他，因為只要他願意投入，他就會跑得比我還快。

其實剛成立夏慕尼時，我和營運單位也磨合很久。因為營運單位是「直線型的行動」，他們習慣「馬上」、「現在」就要答案，接到指令立刻動作。例如顧客抱怨、門店停電、同仁爭執，都要即刻處理。但我過去是幕僚，習慣蒐集資料、跑出數據再做評估，屬於「水平型的思考」。

所以當我問他們：「你覺得呢？」他們就會傻住，因為以前從來沒有主管要他們分析、要他們判斷。但幕僚出身的我知道，如果每次都是我給答案，同仁永遠不會成長，應該要培養他們獨立思考、解決問題的能力。雖然當初磨合很久，我還是告訴自己不要急，要慢慢訓練，要給同仁機會。

甚至有一次，我被夏慕尼的主廚罵說：「原來你也這麼『商人』！」

原因是夏慕尼剛成立時，我們用的牛肉是prime等級，也就是最頂級、數量很少的美國牛肉。當時剛好遇上牛肉價格十年最低期，所以我大量進貨，把頂級牛肉用比較優惠的價格提供給客人。

開業幾年後，牛肉價格逐漸上升，最後幾乎漲了一倍。當時我就想不要對顧客調漲售價，於是和研發主廚說，「你們去研究choice等級相關牛肉，早點進行研發，才能為未來營運與備貨提早準備。」choice是牛肉最大宗，雖非最頂級，但一般高級餐廳做牛排，也大多是使用choice等級。

主廚就說：「我們不是應該提供最好的品質給顧客嗎？怎麼可以用choice？」但我堅持，「prime在其他餐廳都賣到兩千到三千元，我們只賣九百八十元，現在價格漲了一倍，我們負擔不起！」兩人一來一往，就在電話裡吵了起來。

我告訴他：「提供最好的品質是我們的理念沒錯，但我們也要活下來，不賺錢的企業是罪惡，我怎麼對得起跟著我的夥伴？你就先去研發，好不好吃再說，你不研發我們就沒路走，牛肉漲了一倍，我們根本沒利潤！」最後他居然說：「想不到你跟別人一樣『商人』！」聽到這句話我氣得說：「我不跟你談了，我請經理跟你談！」

可是掛完電話，我的念頭一轉，我不是鼓勵同仁批判性思考嗎？我不是自詡是可以溝通的主管嗎？而且一個從外部加入王品，願意來這個新品牌和我一起創業的夥伴，他這麼重視品質，不就是我一直灌輸他們的中心思想嗎？雖然他還不熟悉企業經營的邏輯，但至少他的出發點是為了品牌、為了顧客，我應該要很欣慰他的堅持才對，而且他為了品質堅持理念，竟然敢衝撞主管，表示他真的在乎。

心念一轉，我就不再糾結他違背我的決策，反而覺得我何其有幸，可以找到這麼重視品質的夥伴，應該是我要引導他在兼顧品質的前提下如何變通才對，忍耐他的不理解，也等待他的成長。事後我就虧他：「全公司大概也只有你敢罵我『商人』！」

讓中高階主管勇於「授權」，讓基層慢慢習慣於「被賦權」，而且雙方都是本著同樣的中心思想與價值來行動，就會少掉許多前者疲於奔命、後者綁手綁腳的情境，把更多心力都放在讓公司變得更好。

解決同仁事事請示，以中心思想確立行為模式的TIPS

一、讓中心思想成為同仁的行為準則，就無須事事請示，但中心思想也需要定期檢視調整。

二、透過觀念宣導，讓同仁建立相同的行為模式，持續實踐品牌理念，傳播品牌的芬芳。

三、主管要懂得節制權力並授權，懂得忍耐與包容，把關風險並容許失敗。

四、同仁要懂得被賦權，培養獨立思考和解決問題的能力。

第17章
傳遞感恩的價值，與同仁站在同一陣線

從事餐飲業，是眾人皆知的辛苦。師傅們整天待在熱氣蒸騰的廚房，冷氣再怎麼吹還是滿身大汗；分配到清潔廁所的人，必須趴在髒汙的地板上賣力刷洗；外場服務的夥伴，有時還要跪下來，用和顧客同高度的視角為他點餐……。剛加入王品時，我曾因為不適應而一度想要離開，是這些勤奮的身影讓我感動到決定留下，也更認知到感謝同仁的重要。

除了感謝同仁的辛苦，我有時也心疼他們的辛酸。別人慶祝，他們忙碌，母親節、情人節，他們幾乎都不在家人、伴侶身邊，因為這些大節日總是餐廳最忙碌的時候。

有一次，我對同仁說：「不好意思，母親節門店這麼忙，你們都沒有辦法陪媽媽吃飯。」他馬上說：「不會啦！我可以陪很多位母親吃飯啊！」

聽他這樣說，我真的很讚嘆同仁的ＥＱ。

尤其客人百百種，同仁每天在門店除了臨機應變，還要接受各種指教，甚至抱怨，如果沒有高ＥＱ一定消化不了。所以我很感恩這群夥伴，感謝他們願意投入餐飲業，提供顧客完美的用餐體驗，我也希望平常能多讚美、多鼓勵，當發生問題時，做他們的後盾和靠山。

除了感謝，更要與他們站在同一陣線

光是口頭或物質的感謝還不夠，對同仁來說，更重要的是高層相挺，與自己站在同一陣線。

曾經有一次，店長幫客人買單，把信用卡插在結帳單上，還給客人時，卻把兩桌的信用卡搞混了，客人發現後激烈抱怨。同仁雖然當場向他道歉，但客人越講越生氣，甚至要求說：「如果不把當事人開除，以後他不去我們餐廳吃飯了！」

我告訴顧客，「是我們做得不夠好，細膩度不夠造成您的困擾，公司一定會再加強教育訓練，未來在檢核的過程把桌號寫清楚。」當下只能姿態放軟，笑臉迎人，因為我相信顧客不打笑臉人，他只是一時無法平息怒氣，需要發洩的管道。

但同時我也清楚，雖然同仁確實有疏失，但不至於要被開除，所以並沒有回應這樣的要求，畢竟誰能無過？犯錯是正常的，只要不是太離譜，能改善最重要。何況公司經營和同仁任用，真的不是顧客可以參與的範圍。

還有一年的情人節，我到夏慕尼的門店巡店，當時已經晚上八點五十分了，門口竟然還排了長長的人龍。我一看就覺得不妙，一問之下，原來當天正值情人節，來客數不僅比平常多出許多，用餐時間也比平時更長，但我們並沒有用餐時間限制，總不能趕客人走吧？不只餐廳外的客數來不及消化，餐廳內的同仁也忙成一團。

在外等候的客人早就不耐煩，抱怨為什麼訂位時間到了還不讓他進去，甚至有客人不耐久候就離開了。那個晚上，我站在門口一直向顧客鞠躬道歉。後來第一輪客人離開，第二輪客人終於上桌，我就交代同仁全部打折，再送上小禮物。事後也交代同仁，那些離開的客人，隔天務必電話致意或親訪，因為是我們處置不佳，造成人家的困擾，還是要盡力補救，也預防未來再發生。

把客人都送走後，同仁告訴我：「Annie，我們看到你一直鞠躬，向客人道歉，大家心裡很捨不得，只能加快速度。」隔天店長也告訴同仁，「你們看，連事業處的主管腰都這麼軟，幫我們道歉了一個晚上。」其實，我只是做我能做的，服務我也沒有他們厲害，我能做的就是接電話和道歉。而且真的很神奇，做服務業的人好像有一個開關，一到門店，腰自動就放軟，電話一響就會衝過去，或許「顧客優先」已經成為我們身上的DNA了。

從稱呼開始，把同仁當成戰友

我一直覺得我和同仁是一起工作的夥伴，是有革命情感的戰友，所以我向來都稱他們「夥伴」或「同仁」，而不稱「員工」、「部屬」。我也常對夥伴說，不要把同仁叫成員工，要寫「同仁守則」，不可以寫「員工守則」，因為我們是夥伴、是家人，有時候新進同仁還會被我糾正，因為從小動作就知道你到底在不在乎你的夥伴。

夏慕尼成立時，我也認為這個品牌不是我一個人創立的，而是整個團隊的努力成果。所以當時我告訴團隊：「我很感恩你們願意跟我一起創業，只要夏慕尼開始獲利，那一整年公司分配給我的績效獎金和紅利，我一塊錢都不會拿，我會把錢存起來，帶你們去朝聖夏慕尼！」

後來，我真的帶著這一群創業夥伴飛去法國。不只是吃喝玩樂，也不只是慰勞之旅，我也希望透過這樣的活動讓大家一起成長，創造共同的回憶。尤其法國有很多米其林餐廳與可學習的餐廳，我就帶著大家品嘗道地的法式料理，觀摩別人怎麼設計菜色。當然我也會開玩笑跟主廚說：「吃了米其林，回來要有點貢獻，多研發幾道菜啊！」

我希望夥伴平時認真工作，也別忘了增進視野，跟上國際餐飲潮流；唯有走出去，看看別人怎麼做，別人進步多少，自己的專業也會有所提升。我常告訴同仁：「你賣一千元的餐點，一定要去看兩千、三千元以上的餐點，因為你要用更優惠的價格研發出那樣的品質，讓顧客覺得質感是雙倍的，他就會很開心。只吃一千元，你的視野不會提升，千萬不要省這種錢。」

同時，我也希望創造「分享」的文化，當他們看見高階主管是願意分享的，他們未來也會用這樣的理念對待其他夥伴，把這樣的精神傳承下去。我想「傳承」就像撒麵粉一樣，撒一次身上沾到一點點，撒兩次沾得更多，不斷地撒，最後想拍都拍不掉。

當時夏慕尼只有一間店，要帶七、八個人去法國，還吃好幾家米其林餐廳，我的分紅當然不夠，還要倒貼不少。但我想得很清楚，錢散人聚，我要不斷表達我的感謝，讓同仁知道我們是夥伴關係，他們就會把這件事情放在心上。後來我發現，因為不小氣、願意分享，讓我後來越開越多店，營收蒸蒸日上，反而是錢追著我跑。

因為願意與同仁分享，他們的努力常常讓我出乎意料。有時候忙了一整天，下班後主管還會打給我，因為他們想到一個新的點子或新的研發菜色，興奮地想和我分享。我聽了真的很欣慰，告訴他們：「雖然你的創意不一定都能實現，但是你的態度，還有你對品牌的投入，真的讓我感動到不行！」

所以我認為，企業不要一心想「監督」同仁，而是想辦法「驅動」同仁。因為監督只是把他的人和時間壓在這裡，但重要的是他真正發自內心想去做，只要對方真心投入，主管根本不用督促，他就會自動自發做好，而且好到讓人驚豔。

解決同仁向心力問題，打造戰友團隊的TIPS

一、用正面的態度肯定、讚美同仁，他們會更開心地服務顧客。

二、和同仁形成夥伴關係，站在同一陣線，做他們的靠山後盾。

三、從稱呼做起，讓同仁知道你真的在乎他。

四、傳承分享、感恩的文化，透過柔性活動，與同仁共同成長、創造美好回憶。

第18章
從迷迷糊糊到清清楚楚，不同階層建立不同帶人邏輯

有一次，我在門店用餐時，突然聽見匡啷一聲巨響，原來是同仁不小心摔破了碗盤，剛好被我看到這一幕。同仁一邊忙著收拾，一邊偷瞄我的反應，從那個慌亂又心虛的眼神不難想見，他心裡一定覺得：「慘了！今天怎麼這麼倒楣，摔破盤子還偏偏被主管看到，考績搞不好還會受到影響……。」

就因為看到同仁的那個眼神，清楚同仁的心理壓力，後來再遇到同樣的情形，我一定把頭轉開，裝作沒有注意到，其實我心裡對門店發生的一切，絕對是清清楚楚的。

有些人會問，為什麼不直接對同仁進行機會教育？為什麼不當場去協助處理現場？為什麼我不……？那是因為，**從基層同仁、中階主管到高階主管，每個角色都有它的功能，對待不同的位階角色，必須有不同的帶人邏輯與管理心法。**

對於基層同仁，我希望他們對於工作可能在「清清楚楚的迷迷糊糊」階段。他必須根據教育訓練的內容，仔細正確地做好每個工作站的職責工作，「清清楚楚」地知道什麼時候要遞濕紙

巾、水杯要怎麼送、咖啡甜點要如何製作，雖然背後的原理他可能「迷迷糊糊」，不知道為什麼流程是這樣設計，但沒有關係，基層同仁只要把事情做對就好。

至於中階主管，我希望他是「清清楚楚的清清楚楚」程度。店長、主廚、代理人、部門主管與幹部要「清清楚楚」地知道怎麼做（how），也「清清楚楚」為什麼要這樣做（why）。唯有清清楚楚，遇到灰色地帶才知道如何判斷，才知道如何將企業的文化與價值觀傳承給基層同仁，高階主管才能放心把門店或品牌交到他們手中。所以如果遇到中階主管吵架或部門之間發生衝突，我會更嚴肅以對，因為這表示他們的觀念還迷迷糊糊，對於企業的理念精神不夠清楚。

至於高階主管，包括身為事業處主管或執行長的我，我都希望是「迷迷糊糊的清清楚楚」。也就是說，公司發生的大小事我都看在眼裡，背後的原理和脈絡我都「清清楚楚」，但有些時候我會故意「裝迷糊」，因為我要提醒自己「節制權力」，要「充分授權」，不要急著出手。

就像去巡訪門店時，看到同仁的工作流程不符合公司規定的SOC，如沒大礙的我不會當面糾正，而是先裝迷糊，事後再提醒主管多注意。因為我知道我必須要忍耐，這不是執行長該管的，不要動不動就出手。

尤其很多高階主管是從基層做起，他最清楚怎麼做才正確，但如果因為主管的能力比同仁強、經驗比同仁豐富，就處處出手，以後同仁就會等著主管做，甚至會害怕主管不滿意而不敢積極任事。如果我看到同仁顧客服務沒做好，就馬上衝過去服務，他要如何學習成長呢？

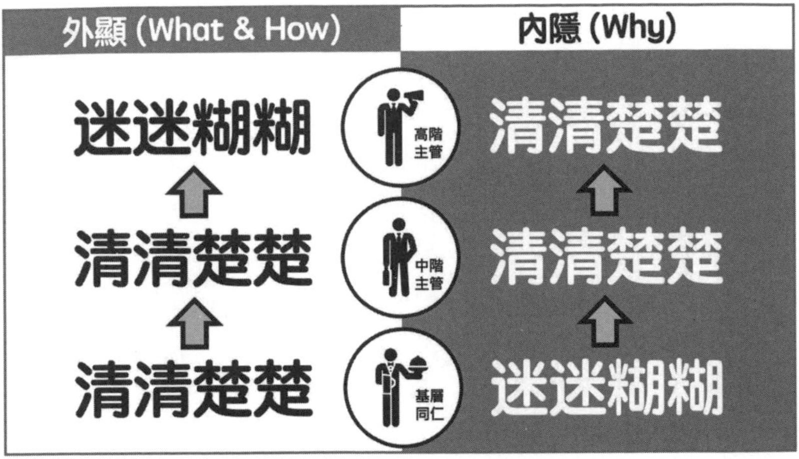

圖 2.6　各階層同仁的不同角色（製圖／趙胤丞）

「迷迷糊糊的清清楚楚」也是為了避免造成同仁的壓力，如果我當場糾正，他的工作情緒一定會受到很大的影響，要怎麼把服務做好？以前我也曾覺得自己很親民，和同仁感情很好，應該不會給大家壓力，但後來我發現，光是事業處「主管」、「執行長」這樣的頭銜，對他們來說就是壓力。既然認知到這件事，我更要提醒自己節制權力，門店管理、教育培訓應該是店長主廚的職責，我不能搶同仁的工作。

分工清楚，權責分明，也是我擔任主管之後的學習，尊重每個螺絲釘，允許同仁有跌倒犯錯的時候，不要剝奪他們學習的機會。高階主管應該把時間心力花在發想決策，關注外部環境趨勢與競爭者，在該扛責任的時候義不容辭地扛下來。

所以擔任執行長後，我就定義得很清楚，巡訪門店不再是以巡店為目的，因為巡店是事業處主管和區經理的工作，我去門店是為同仁加油打氣，讓同仁知道執行長和他們站在同一陣線，我是去關心同仁，當他們的啦啦隊。

「建議」不等於「交辦」

因為我抱持的是「迷迷糊糊的清清楚楚」，所以我一定會看到營運細節或問題，只是我不會當場糾正，而是事後再提醒主管。例如我覺得某間門店的裝潢有點老舊了，不太符合品牌形象，我會把建議提供給主管「參考」，而且我會提醒主管，「請分清楚『建議』和『交辦』」。

建議，是我提供觀點給主管參考，身為主管，你必須自己下判斷；交辦，則是我以執行長的職責交代辦理，主管必須去處理，「請勿把『建議』當成『交辦』！」

因為有時候同仁會在會議以外的場合和我聊一些他們的創意點子，我聽了之後說，「如果你們有興趣可以研究看看、比較一下」，結果同仁卻詮釋為執行長「交辦」、執行長「已經同意」。這時候我就會認為是主管沒有guts，沒有獨立思考的能力，不敢提出自己的觀點。

所以我常提醒同仁，「如果是『交辦』，我會很清楚地下達指令，而且確認什麼時候要交付成果；如果是『建議』，我們只是彼此交流意見，不會有交付日期，也不會追蹤成果。」「研究看看」不等於「同意」或「交辦」，我只是提供意見參考，不是幫你「拍板」，如果需要拍板，請登記會議時間並要求決策。

既然語言溝通與解讀有可能產生誤會，後來我也在信賴與授權的基礎上訂出規範，哪些事項必須提報會議決策，哪些事項授權主管決定；包括對外公關發言也是，各品牌只能針對自己品牌的事務發言，至於涉及其他品牌或公司整體的內容，必須透過對外公關單位，避免產生誤會。

無人管理下的自律

從基層同仁、中階主管到高階主管，我都希望同仁明確知道自己的功能角色，每個位置都有各自的任務，也有各自的標準與要求。當大家都各司其位時，整個企業才會如機器般運作順暢。尤其是連鎖店的經營管理，如何讓同仁自動自發完成工作呢？我認為必須培養「自律」的精神，尤其在沒有人看到的地方，更要懂得自律。

任職事業處主管時，每年我都會帶同仁組團出國學習考察，至少會安排四天的行程，每天吃六到七家餐廳，除了三餐，還有下午茶和宵夜，從早吃到晚的「飽足」行程，老實說已經不是味蕾的享受。

有一次，我們前往東京考察，最後一天早上安排要去築地市場，連續三天的行程滿檔，連吃二十多家餐廳，大家早已露出疲態。第三天晚上，幾位同仁竊竊私語，不知道在討論什麼，後來和我很熟的研發主廚跑來說：「大美女，大家覺得築地去過很多次了，而且連吃三天很撐，明天早上能不能讓大家睡晚一點，留一些時間給大家逛街買東西？他們怕你會生氣，所以派我來問你。」

我聽了很生氣地說：「我們又不是出來玩，是出來工作！」

研發主廚嚇了一跳，他沒想到一向親和的我會這麼嚴肅，趕緊澄清說：「是同仁叫我來問的啦，他們覺得你不會生我的氣！」

我馬上就說：「不要找那麼多理由，出自你的嘴巴代表你也有這樣的想法，不要推到別人身上！我知道你們對這樣的行程已經覺得厭倦，但是工作就是工作，在沒有人看到、沒有人監督的時候，一樣要自律地把工作做好，這樣才是專業啊！」

我想表達的是，身為中階主管，他應該要能明辨是非，直接糾正同仁錯誤的想法，而不是說成「幫」同仁反應，我不能接受這種推託的態度。雖然考察很辛苦，但工作就是工作，不是出來玩樂，兩件事情要分清楚。更重要的是，在沒有人看見的地方一樣自律，才是我們應該有的作為，而不是公司看不到就無所謂。

他只好一臉委屈地回去告訴其他同仁：「我被大美女罵了，明天早上一樣四點起床。」

對我來說，考察就是工作。每次考察前，我們都會蒐集資料、寫企劃書，規劃要去吃哪幾家餐廳，事先分配不同功能的同仁要負責觀察哪些重點，行程最後一天每個人都要發表考察學習的心得，分享有哪些地方未來可以運用在品牌。

那次考察的分享發表，大廳的同仁分享他觀察到的顧客服務，師傅分享他看到哪些菜色，回來可以嘗試研發。輪到研發主廚分享時，他說：「我這次學習到，在沒有人看見的地方也要懂得自律。」

事隔多年，每次聊到這件事他都說，「大美女你當時罵得很犀利耶！而且你沒有罵別人，只有罵我！」但他也說，從此之後，他出去巡店很疲憊的時候，都會想到我對他說，「在沒有人看見的地方也要懂得自律，把該做的事情做好才是專業」，他說再怎麼累還是會把行程跑完，「因為我的老闆就是這樣的人。」

從事餐飲業，吃，就是我們的工作，也是最甜蜜的負擔。很多做餐飲的人胃都不太好，因為用餐不定時，試菜又會暴飲暴食，一路從早上試到下午，每次試菜結束的那幾天，我都只能吃稀飯水果。就像籌備義塔時，為了測試師傅烤披薩的技術，整天就要嘗一百片左右，每一片都只吃一口，吃完就吐在旁邊的垃圾桶，吃到那陣子看到披薩就害怕，但，這就是我的工作。

有一次去日本的米其林餐廳試菜，通常法式料理後面都會有起司吧，可以配紅酒、配水果、配蜜餞，但是有些味道很臭，甚至臭到有同仁說：「我從來沒有吃過這麼臭的起司，好像香港腳喔！」結果右手邊那位第一次出來試菜的同仁，把湯匙拿起來又放下，嘆一口氣，來回反覆了五次，我只好無奈地鼓勵他：「鼻子一捏，放進去就對了！」他就真的捏著鼻子吃進去，眼淚還同時流下來！

「試菜是工作，不是飽足我們的一餐！」試菜時絕對不能帶入自己的飲食喜好，即使當時已經填飽肚子也不能拒絕，因為這就是我的職責，而督促所有人完成這件事，更是我身為高階主管的功能和角色，我必須「清清楚楚」，用「自律」的態度面對專業。

解決不同位階的管理問題，讓每個角色自動自發的TIPS

一、用不同的帶人邏輯帶領不同的功能角色：基層同仁要「清清楚楚的迷迷糊糊」，中階主管要「清清楚楚的清清楚楚」，高階主管要「迷迷糊糊的清清楚楚」。

二、高階主管要節制權力，權責分明，充分授權，不要剝奪同仁學習成長的機會。

三、要提醒同仁勿把「建議」當「交辦」，要有獨立思考的能力，並透過制度規範，避免語言溝通與解讀的誤會。

四、連鎖店的經營管理，從培養「自律」精神做起，沒有人看到的地方，也要懂得自律才是專業。

第19章 照顧同仁和客人，打造順暢的溝通管道

我時常告訴營運單位，「你們只要照顧好兩個人，同仁和客人。」

從事餐飲服務，無非就是為顧客創造美好的用餐體驗，讓他吃得安心、吃得滿意開心，他就會再回來用餐，還會介紹給親朋好友。所謂美好的用餐體驗，我認為體現在三個方面：好產品、好服務、好氛圍。

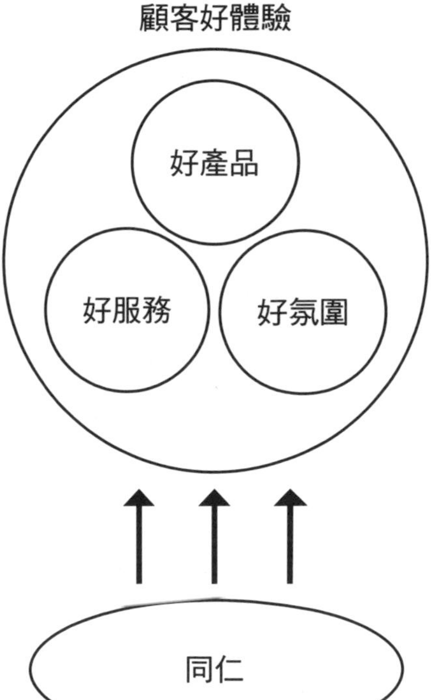

圖 2.7　同仁與客人如何共創好體驗

照顧客人：好產品、好服務、好氛圍

好的產品，是滿足顧客的味蕾。從挑選優質食材、菜色研發到門店量產，根據標準化流程用心製作；掌握烹調和送餐時間，讓餐點迅速上桌，該熱的熱，該冷的冷，讓顧客在第一時間品嘗食物的香氣、口味和層次感。

好的服務，要貼心滿足顧客的需求。從訂位電話、大廳接待、點餐、用餐到客人離開，每個環節都需要同仁各司其職，隨時注意顧客需求，甚至在顧客提出前就先幫他準備好。如果訂位電話一直沒有人接；沒有人引領座位；送濕紙巾的時間太慢；點餐後每道菜都要等；需要服務時一直找不到人；就算餐點再好吃，顧客的心情也不會好。

好的氛圍則是讓顧客的五感愉悅。因為用餐不只是味覺享受，顧客五感接觸到的一切都必須符合品牌調性，如果門面老舊、裝潢品味不佳、廁所不潔淨，他一定覺得這頓飯吃得不舒服。

甚至我常說，同仁的制服也是氛圍的一部分。平時師傅在廚房穿工作制服，出去面對客人就必須換上另一套乾淨的制服，而且我會要求制服必須定期整燙，務必乾淨整齊，不能有髒汙皺褶，因為只要顧客看得到的都是氛圍。好產品、好服務和好氛圍，三件事情同時滿足，才能共創美好的用餐體驗。

照顧客人，還需要重視「現場主義」，也就是門店主管一定要「身在現場」。多了解顧客，和顧客建立好的關係，透過桌訪稍微和顧客互動，傾聽他們的回饋和建議，第一時間了解餐點滿意度，每天檢視顧客建議表。尤其營運忙碌時，門店主管應該以現場營運為重，而不是待在辦公室，花太多時間處理行政事務。

菜色品質、穩定度、服務、清潔、和顧客互動，都是門店營運管理的「基本面」，也是「根本面」。我希望同仁把時間和心力用在這些地方，思考如何設計流程、培訓同仁、檢視有哪些細節可以更完善。因為這些每天不斷重複的細節，正是影響顧客體驗的關鍵，而好的顧客體驗才是增進營收的根本之道。

照顧同仁：三百六十五天不打烊的關懷

好產品、好服務、好氛圍，由誰創造？當然是第一線的同仁。所以我希望營運單位除了照顧好客人，也要照顧好同仁，而且先從同仁的飯菜做起。同仁每天都會在門店用午晚餐，吃不飽怎麼有力氣服務顧客呢？所以我會要求飯菜充足、菜單豐盛，拜託廚房大節日千萬別煮麵，怕無法飽足，遇上節日或特殊日子，還要加下午茶和宵夜。

像母親節、情人節等大節日，顧客都是平日的兩三倍以上，有時我光是站著幫忙接電話腳就很瘦了，何況同仁整日不斷服務客人。有時我也會和同仁一起用餐，看看他們平時吃什麼、分量夠不夠？或者故意在晚上巡店，陪他們一起打烊，趁機買宵夜慰勞大家。

照顧同仁，也包括照顧他的家人。只要門店同仁結婚生子、車禍、直系家屬住院等，事業處主管或區經理都會給予關懷，我也會透過通報系統，適時電訪或親訪，就是希望同仁在這些時候多一份祝福和問候。

每年三、四月的「家族大會」更是全公司的重頭戲，我們會邀請所有門店店長主廚的家人團聚，出門好好玩一天。這些年下來，我和很多同仁的父母都成了好朋友，每逢年節還會聯繫問候。甚至有時同仁想離職，父母還會勸他：「這家公司很好啊！你要去哪裡找這麼好的老闆？」

每年過年前後，我總是非常忙碌。除了巡店，還會前往店長主廚家拜訪，向同仁的家人拜年。連著幾天的行程，我會先安排好交通、禮品，約好拜訪時間，每家大概停留三十分鐘，再繼續前往下一家。雖然奔波，但我希望趁這個機會，讓同仁的家人多認識公司、認識我，也讓他們知道孩子很優秀，可以安心把孩子交給我們。

尤其有時為了開新店，必須調動有經驗的同仁支援，有些夥伴因此必須離鄉背井，陪著我們調動到外縣市工作；我很感謝同仁的配合，也對他的家人很不好意思，因為他們平常很少有時間陪伴家人，我一定要趁年節對他的家人說出這份感謝。

除此之外，尾牙和除夕不營業，也是王品的傳統。尾牙是慰勞同仁辛勞，除夕是讓同仁回家吃團圓飯，平常的節日無法回家，至少除夕這一天讓同仁好好陪家人吃頓飯。所以除了開在百貨公司內的門店依規定必須營業外，我們很堅持除夕門店不營業。雖然我們也知道，現在很多消費者會在餐廳圍爐，門店會有不錯的營收，但我們還是希望把照顧同仁這件事放在心上。

如果有同仁不想擠返鄉潮，或想趁春節排班領雙倍薪，我們也會要求事業處主管幫沒有回家的同仁安排圍爐，甚至店長主廚會把同仁帶回家圍爐，就是不希望沒回家的同仁那天孤零零的，至少感受一下年節氣氛，所以除夕夜那天，我也總是邊吃團圓飯，邊打電話問候沒回家的同仁。

從事餐飲業的這些年，我幾乎都沒有在家過年。因為初一到初三，我會全台跑透透，到各門店和同仁拜年，陪他們開工，也發紅包讓大家加菜。當事業處主管時，夏慕尼每家門店都會去；當執行長時，我也希望維持這樣的傳統，一樣北中南都跑，每個品牌至少去一家店。

二十多個品牌，三百多家店，要怎麼跑完這種旋風行程？我也習慣系統性的安排，每個品牌的北中南區都至少去一家店，像石二鍋門店很多，每區還會跑到兩三家，而且為了公平，會盡量去前一年沒去過的。至於花東地區，我會安排在過年前或過年後，避開車潮，至少兩年跑一次。

三天的行程，會跑六十多家店，而且為了避免塞車，我會盡量搭乘大眾運輸，在台北地區甚至會騎 YouBike。開工拜年，我會向同仁表示感謝，謝謝他們在年節期間，站在第一線服務顧客；也向他們致歉，因為我沒有辦法每家店都親自過去。雖然這種鐵人行程真的不輕鬆，但我很希望讓同仁在開工時感受到主管和他們站在一起，為他們加油打氣。

讓每個人都有管道發聲

關懷同仁，也包括定期和同仁溝通，有時是一對一，有時是一季或一年一次的溝通日，聽聽同仁對於工作的回饋。但難免有些話，同仁當面說不出口，或有些工作情緒需要發洩的管道，因此公司除了有〇八〇〇的客訴專線，也設置〇九〇〇的同仁專線。

如果同仁有話要說，無論是對工作的建議、抱怨或檢舉不當行為，他可以撥打專線或寫信申訴，匿名或具名都可以。客服同仁會依據內容進行分類，依規定程序呈報並做後續處理。

如果只是情緒發洩，就交由事業處主管了解，知情即可；若有涉及違法或違背公司文化與規範，就交由事業處主管追查，同時也會向上呈報。例如曾有同仁申訴主管不讓他報加班費，就會由總部進行查核，或請稽核室約談以釐清事實。

多數利用〇九〇〇的同仁會選擇匿名，如果同仁選擇具名，通常事情都很大條，因此具名案件一定會向上呈報。如果客服無法判斷，通常都會「從嚴」處理，因為〇九〇〇的對象是同仁，也是我們的家人，他們反應的事情必須慎重看待。

尤其連鎖店的規模，高階主管不可能隨時盯著現場管理，所以讓基層的聲音被聽見是非常重要的。但讓同仁的聲音有管道只是第一步，除了後續的通報和處理，每個月還會做「量」和「質」的分析。

根據量的分析，〇九〇〇的案件有一半以上都是主管領導問題，真正需要查核或解決的大概不到兩成。如果某個品牌或某間門店持續出現通報，表示出現異常，可能是同仁關懷做得不夠完善、或主管領導有問題，甚至有時會發現其實是某位主管或某位當事人的問題，這些警訊都是協助門店主管進行異常管理的線索。

至於質的分析，是為了了解同仁究竟對哪些事情不滿？後來我們發現，抱怨主管領導風格是〇九〇〇的大宗，大約占五、六成，其次是晉升、薪資和福利，大約占兩成。透過〇九〇〇，讓同仁的聲音有管道，而且有分類、有處理、有追蹤，並透過統計分析，公司未來也更知道人資管理和培訓的重點要如何改善。

我常說，面對顧客是心理學，面對同仁其實也是。有滿意的同仁，才能創造好產品、好服務、好氛圍。所以營運只要照顧好兩個人：同仁與客人，兩者偏一，都不可能產生好的效益，所以我會要求門店主管務必要將八〇%的心力放在同仁與客人身上，剩下的二〇%才放在其他的行政事項上，甚至適度地交由公司的專責單位處理。

解決同仁抱怨與回饋，讓所有人都有管道發聲的TIPS

一、強調現場主義，門店主管要用八〇%的心力照顧好同仁和客人。

二、有滿意的同仁，才能創造好產品、好服務、好氛圍，打造美好的用餐體驗。

三、平時透過通報系統與溝通日關心同仁，並透過企業活動與年節拜訪關懷同仁的家庭。

四、設置同仁專線，確實處理追蹤，讓同仁有反應意見、發洩情緒的管道。

Part III

財務問題，我這樣解決

第20章 看見數據背後的問題，用系統化思考找出解方

夏慕尼成立後，營收從兩百九十萬元逐漸進步，終於到達我最初設定的四百五十萬到五百萬元左右。過程中，我發現某家門店的營收很高，是全品牌的冠軍，甚至高出其他門店的五〇%至六〇%，照理說它應該可以產生邊際效益的較高利潤，但它的獲利居然是在品牌平均值之下，實在太不合理了！

於是，我在會議上對那家店的店長說：「你這家店有問題喔！」但店長不認為，他認為他的店有高營收，而且有利潤金額，雖然不是前段班，「也不是最後一名」。但對我來說，營收第一名且高於他店五〇%左右，獲利率卻在後段班，這個數字明顯不合理。

我告訴他：「你的門店現在營收八百萬元，獲利只賺八%，某B店營收五百萬元，獲利卻能達到一二%；如果哪一天你門店的營收下降，和別人一樣只有五百萬元，可以想見，你的門店絕對會虧損！」因為我相信，**數字的反應不佳表示它的成本結構、管理模式或利潤結構一定有問題**。後來經過統計分析、數字比較與診斷，大家終於幫他抓出人事產值效率、生產成本過高

的問題點，並且透過他店觀摩學習、主管們共同診斷協助與目標設定著手進行改善，最後那家店真的成為全品牌「實至名歸」的營收冠軍和利潤冠軍。

所以我常對同仁說：「數字是你最強的武器，要用來說服別人，要很清楚你是在玩數字，還是被數字玩？」

數字是死的，只有你懂得它、你才會融合它，它就是有生命、有意義的。但是懂得數字、會玩數字，也要有道德、有中心思想，不要玩在不好的地方。只要掌握正確的觀念與價值，數字會是我們最大的武器。

又是小番茄惹的禍

從會計師出身，習慣與數字為伍，我也希望數字是幫助我和同仁溝通，協助公司營運管理的武器。尤其企業經營，數字難免起起伏伏，利潤不佳的時候，大家努力提升利潤，在激烈市場中存活下來；業績亮眼的時候，大家又可能因為追求利潤而迷失初衷，這時候，數字可以告訴我們什麼？

在擔任夏慕尼總經理的時期，曾有段時間遇上景氣不佳，食材成本不斷上漲。有一位研發主廚很不開心地說：「最近營收不好，食材又漲不停，害我常常被區主管盯，他說我們食材成本太高，別人買番茄一斤二十三元，我們買就要二十八元！」

過了兩個禮拜，區主管又在念這件事情，那位研發主廚就抓狂了，「我每天這麼忙，一堆事情要做，為什麼又是小番茄！你能不能給我更明確的指示，我現在到底要檢討什麼？不然我每天都被這些小事搞得烏煙瘴氣，都不知道該怎麼做事！」

既然知道主要的問題在於食材成本一直上漲，無法維持原本設定的利潤結構，同仁提議進行成本檢視的專案，請採購部整理食材支出高低排序、及將品牌前二十大食材排序出來仔細檢討，結果專案進行了兩個月，並沒有什麼有效的結論，初期我一樣是「迷迷糊糊的清清楚楚」，不急於出手。

直到開經營會報時，我告訴大家：「今天不開例行會議，我們來探討如何檢視食材成本結構。」就重要性原則，先針對前二十大食材，一一討論每項食材的「價、量、組合、替代材」。以雞蛋為例，在不影響口感、品質的前提下逐一探討，採購部有沒有辦法再去議「價」？菜色研發小組根據目前的菜色設計，有沒有可能調整「用量」？菜色的「組合」能不能做一些調整，讓食材搭配產生更大的效益？有沒有類似雞蛋的「替代食材」？當然，任何「價、量、組合、替代材」的調整，前提都是不損及餐點品質。

當時夏慕尼套餐中有一道主廚招待的「打破薑桔氣泡酒」。這杯飲品是希望師傅在顧客進門後，先在鐵板檯前「打破僵局」，邀請顧客踏上味蕾的旅行。所以研發團隊很有創意地用氣泡水加上薑汁、桔汁，研發出「打破薑桔氣泡酒」。

一開始我們是買玻璃瓶裝的氣泡水，結果在檢視成本時，同仁說價格很難再壓低，但是透過集體探討後，他們找到販售桶裝氣泡水的廠商，價格非常便宜。就這樣，不影響用量，也不傷及品質，只是找到不同包裝，成本就省了一半以上。

就這樣，我帶著同仁從「價、量、組合、替代材」一一探討，拆解數字背後的問題，思考可能的改變方法。雖然只針對前二十大食材，其實已經解決成本結構八〇%的問題了，這就是八十／二十法則，從大處著手，才不會被捲入日常旋風。

其實，我只是運用對數字的敏感度和系統化的工作習慣，有節奏、有優先順序地拆解問題。探討的過程中，同仁就會發想出許多創意，因為他發現找到答案的路徑不會只有一條，而是有很多可能。這樣分析後，雖然營收數字沒有太大的改變，但合理的利潤就出現了，再一次印證只要會「玩數字」，數字就會是協助營運管理的利器。成本結構的問題不是只有cost down一條路，只要找到方法，透過系統化的思考，都有可能找到其他解方。

而且數字是有生命的，就看你能從中看出什麼端倪。就像有時候檢討人事成本，會發現有些門店因為同仁的流動率低，薪資結構偏高，這樣是好還是不好呢？其實人力流動率低當然是好事，因為經驗豐富的同仁出錯率低，不用擔心他的服務品質；但也因為流動率低，同一個職位，這些同仁的職級可能比較高，薪資當然也高。如果檢討後發現薪資結構偏高的原因在於資深同仁多，流動率低，那我認為這就不是問題，不需要過度檢討，最怕的是不知道原因。

但如果是食材成本過低，我反而會擔心。因為大宗的食材都由總部統購，每間門店的價格應該是一致的，用量有多有少，或者有些耗損都是正常；但如果某間門店的食材成本低於平均值，或者低於成本結構的標準設定，顯然是用量不足，這就會傷及品質，而且損及顧客權益，就應該要檢討。

五十五元比六十五元划算？

看數字，除了要看「趨勢」和「方向」，還要看「絕對數字」，而不是看「相對數字」。

例如有品牌準備贈送給顧客的禮品，包括杯盤、名片夾等等，假設某個品牌有二十家店，統計的禮品需求大約是一萬個，廠商報價一個六十五元，由採購部進行議價，當然大家都希望採購單價越低越好，於是廠商提出如果訂購量達一萬五千個，一個只要五十五元。同仁覺得五十五元比六十五元便宜十元，加上未來可能會用得上，很划算，於是就正式採購一萬五千個。

結果，每年盤點庫存就發現堆了很多禮品，甚至有幾年前沒消耗完的品項，整間倉庫都是這些小東西。後來我才發現，同仁常有這樣的迷思：五十五元比六十五元便宜，多買一些很划算。

但別忘了，一萬五千個五十五元是八十二．五萬元，一萬個六十五元只要六十五萬元，總支出整整增加了十七・五萬元。而且這多出的禮品最後可能有三〇％到四〇％都沒有用到，事實上並沒有比較省錢。另外每個月可能還要付庫存的倉租，還有每年盤點的整理成本和行政成本，反而更浪費！

會犯這樣的錯誤是因為同仁只看到「相對數字」，覺得五十五元比六十五元划算，而沒有看到「絕對數字」，其實是六十五萬元比八十二・五萬元更省錢。所以我後來時常提醒大家，要有「總成本」的概念，不要貪當下的便宜，也別忘了看「絕對數字」。數字是死的，就看我們怎麼使用它，如何賦予它生命和意義。

解決數字背後蘊藏的問題，把數字變成武器的TIPS

一、對數字有敏感度，察覺高營收卻低利潤的不合理現象，深入探討問題癥結。
二、玩數字，不要被數字玩，而且不能背離道德和企業的中心思想。
三、善用分類的方法論，一一檢視價、量、組合、替代材，拆解成本結構，重新打造利潤結構。
四、運用八十／二十法則，從大處著手更有效率，避免被捲入日常旋風。
五、不要只看到數字的表面，以總成本的概念看相對數字，也看絕對數字。

第21章 制度是為了協助而非監督內部消費者

王品有二十多個品牌，三百多家分店，平時總部的功能部門應該如何運作，幫助營運單位每天順利運轉呢？為什麼有時候營運單位會很討厭幕僚？甚至有時會和功能部門起衝突呢？

後來我發現，因為營運單位會覺得，總部就只會「管」我，而不是「協助」我。成立夏慕尼，我從總部幕僚跳進營運現場，更能體會門店同仁的工作現場，也讓我有更深刻的體會，時常提醒行政管理的幕僚功能部門，「別忘了！營運單位就是你的『內部消費者』。」

早期擔任財務長時，我就常問財務部同仁：「你們做的任何報表、數據分析與診斷，如果沒辦法協助營運單位產生更大效益，那麼你存在的價值是什麼？」功能部門的存在除了引導專業策略，就是運用專業領域協助與「服務」營運單位創造效益，如果沒有這樣的認知，就不會站在營運單位的角度思考，了解它真正需要什麼？而你的專業可以提供什麼服務？

所以我在設立財務制度時，常和同仁討論：「我們能減輕營運單位什麼困擾？我們能提供他們什麼幫助？」我認為，制度設計不是為了「監督」營運單位，而是「協助」他們把運營與服務做得更好，「**營運單位是賺錢的單位，總部是支援它賺錢的系統，所以我希望制度越簡單越好。**」

早期門店要處理很多瑣碎的行政工作，包括買發票、申報營業稅、薪資扣繳、同仁勞健保等等，不只造成營運單位的負擔，而且出錯率很高。例如要發薪水了，才發現新進同仁還沒開戶；同仁離職一個月了，居然還沒幫他退保；或者勞檢才發現同仁的體檢資料不完整。當三百家店，每一家都出現一點小錯誤，就足以讓我們整天忙著補救，實在太沒效率了！

而且過去的制度是為了管理和監督，營運單位漏報、錯報就扣點；又因為出錯率太高，只好請門店同仁回來接受教育訓練，換一批人又要從頭教起。總部和營運單位都不輕鬆，我心想，何苦這樣互相煎熬呢？所以我告訴總部，這些行政事項，總部通通收回來自己做！

由總部設計一張新進人員的檢查表，同仁來報到，門店行政只要照著這張檢查表，逐一把資料輸入系統，這些資料就會每天傳回總部，新進同仁就算是完成報到，才能打卡上班。勞保局、健保局、銀行及稅務這些外部單位的往來，也由總部統一負責。

剛開始，財務部與人資部還會抱怨，這些事情為什麼不讓營運單位自己做就好了，要收回來總部做？我告訴他們，「因為總部統整的效率比營運單位高太多了！以前是每間門店要一一應付外部單位，出錯率又高；現在統整作業，總部只要確認檢查營運單位填的資料有沒有錯誤，統一申報，不但確保不會漏報，出錯率也大大降低。」

對企業來說，這些流程背後其實都是隱形的行政成本和教育成本。總部統一作業後，不用時常請同仁回來做教育訓練，減少了教育成本；而且完成檢核資料才能打卡上班，等於把「防呆機制」也設計進去，錯誤率確實下降了。雖然總部的行政成本稍微增加一些，還是比過去忙著稽核與補救的成本划算多了！

既然營運單位是負責賺錢的單位，我認為它只要做好兩件事：服務客人、照顧同仁。剩下的專業就交給總部的功能部門，讓總部來提供服務，滿足營運單位的需求，讓他們越輕鬆越好。

善用防呆機制與控制點，預防勝於補救

以流程設計而言，通常會有設計與預防成本、執行成本、稽核成本與補救成本。這四大成本中，設計與預防成本最低，補救成本最高。所以，如果能在一開始就把系統設計完善，簡化作業、預防錯誤，執行就容易，稽核成本和補救成本自然就低。

如果設計制度的人，沒有把營運單位視為內部消費者，不在乎營運現場的作業，執行就容易出問題，事後就要花很多成本去稽核和補救。很多人會「錯置成本」，設很多稽核點，一直在監督與補救，就會形成我常說的「日常旋風」。所以建構系統時，務必讓系統一開始就是正確、方便使用的，而且要有「防呆機制」，讓不懂專業的人也能避免錯誤。

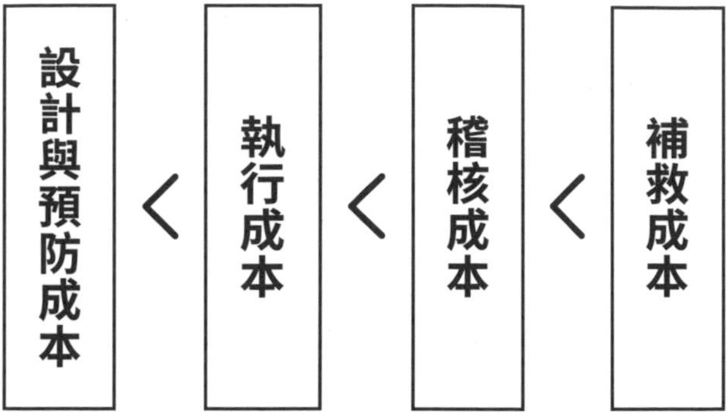

圖 3.1　流程設計中的四大成本

高鐵剛開通時，我常搭高鐵南來北往。有時候趕著搭車，在購票機買票後，票拿了就走，忘記取出信用卡，這樣的情形發生過好幾次。後來我就建議高鐵，購票機應該要加入防呆機制，沒有拿出信用卡，票就不會出來，雖然只是流程上小小的調整，安全性與友善程度卻大大提升。

總部設計的新進人員檢查表也是同樣的概念。門店行政不懂勞健保、不懂報稅沒關係，他只要照著檢查表，把資料一一填進去，「清清楚楚的迷迷糊糊」沒關係。回傳相關資訊，同仁才可以打卡上班，他當然會仔細完成。

除了防呆機制，稽核的「控制點」也可以在制度設計時就先放進去。制度流程就像路線圖，**我們可以在某些地方設定「控制點」，檢核出錯的可能性，很多時候靠控制點就可以先揪出問題，不會等到流程末端才發現不可彌補的錯誤。**

例如加班費早期都是由門店主管和行政處理，發薪水時，同仁有時就會抱怨主管少給或扣他的加班費，偶爾就會產生爭議。後來，我就把同仁的加班時數列表公告，公開透明，請同仁自己先覆核，正確無誤就簽名，這就是減少認知錯誤的控制點。先在前端解決爭端，就不會發生薪水算完，也發出去了，同仁才來抱怨。

善用防呆機制和設置應有的控制點，也是因為我相信，「適度檢核」是必要的，但制度設計不能只有「防弊」；所以設計制度的人要很清楚，他是為了協助與「服務」營運單位，不是為了「監督」營運單位。既然門店的功能是營運賺錢，如果他時常卡在這些行政事項，表示總部相關部門沒有把制度系統建構好。所以建構系統時，功能部門和營運單位一定要共同探討，**功能部門要了解營運單位會發生的問題，透過制度設計為他們解決問題。**

隨著時代變遷、人員變動，制度當然也要跟著調整，如果設計制度完就不動，終究會不合時宜。所以制度也需要「定期檢核」，如果發現同仁使用不順暢、錯誤率增加，就應該去檢視既有制度是否已經老舊，和現在的流程無法配合？還是同仁操作不當？或者系統存在漏洞？甚至是同仁開始對制度麻痺，不照流程走？所以我通常建議制度設計出來後，一至三年就要微幅調整，三至五年就必須做更大幅的修正，才能跟上時代趨勢。

解決事後補救的高成本，一開始就幫內部消費者避免問題的 TIPS

一、營運單位是功能部門的內部消費者，制度設計是為營運單位「服務」，減輕他們的負擔。

二、制度設計越簡單越好，透過防呆機制與控制點減少錯誤，避免日常旋風。

三、預防勝於補救，一開始就把制度設計完善，避免錯置成本。

四、制度也必須定期檢視，三年一小改，五年一大改，才能跟上時代趨勢。

第22章
面對瘋狂加班的流程瑕疵，用防呆與系統化全面整頓

離開會計師事務所，我以「空降」的身分加入王品，當時決策層賦予我兩個主要任務：一是整頓財務制度，二是推動未來上市。

當時的財務部剛從管理部分割出來，還只是四個人的小團隊，其中有兩位同仁過去也非財務背景。我要怎麼帶領這樣的團隊，完成公司的目標呢？建構制度、培訓同仁、向公司提出策略建議，我必須多管齊下。

剛開始，我發現財務部每個月有三個時間點特別忙碌，總是加班到半夜，我擔心半夜危險，還得一個一個把同仁送回家。這三個時間點我永遠記得，分別是十號發薪水前、二十號左右整理付貨款，和結算後二十五號的分紅；發完薪水好不容易可以喘口氣，又要開始對帳付貨款，付完貨款緊接著就是結算分紅，就這樣每個月循環，幾乎月初和月底天天都在加班。

發薪水之前，財務部同仁必須核對所有門店薪資表相關，確認同仁的出缺勤、出差、加班，一筆一筆對得很辛苦。有時候薪水發完，還會接獲同仁反應他某一天明明有加班，為什麼沒有

算到加班費？

後來，我們慢慢規劃請資訊部協助建構系統，出缺勤全部改成電子化，信任同仁的自主操作，也減少使用出差單、請假單這些紙本作業。同時要求門店每個月結算完同仁的出缺勤和加班時數之後，先張貼在公告欄，請同仁親自確認簽名。有問題先釐清解決，只要資料數據完整正確輸入，系統就會直接將薪資計算出來，清楚又省事。甚至後來有些門店十天或半個月就公告一次，有問題立即處理，他們也覺得減輕很多工作。

我一直認為，有些工作其實可以透過制度和系統化去改變，讓同仁好操作，而且一開始就把事情「做對」很重要。同時也把防呆機制設計進去，讓同仁在過程中就參與確認，不會等到發完薪水才發現錯誤，花費更多的補救成本。

至於為什麼付貨款會搞得這麼忙呢？因為早期每家門店都是一間公司，名字也不同，假設二十家門店和A廠商叫貨，就要開二十張支票！而且付完貨款的那幾天，財務部的電話就一直響，每個同仁都在對帳，一下子接電話，一下子衝去找貨款單，簡直一團亂！

遇到金額有出入時，財務部必須先找門店確認，再向廠商確認，有一方有疑慮就要反覆來回。同仁抱怨他們很討厭對帳，「財務部是後端部門，營運單位向廠商叫貨，哪些貨有沒有收，他們應該最清楚；可是每次有爭議，我們就像傳聲筒，還要去找哪一天、哪一家店，這樣溝通很煩很累，好浪費時間！」確實，很多企業的財務部都在做類似的事情，所以我也思考，有什麼方法可以簡化作業？

首先，我先讓所有門店支付貨款的支票整合，只要是向同一個廠商叫貨，不管多少家門店就是一筆貨款，統一開一張支票。同時，設計流程請資訊部協助建構系統，讓廠商可以自己上網查核與對帳，採購和驗收的明細都在系統上面，哪個品牌叫了多少貨，什麼時候送到哪一家門店，一目了然，每個廠商都可以用自己的統編登錄查詢。這樣一來，就打破過去由財務部事後查證與中間對帳的方式，不用再讓第三者拐個彎處理，而是讓營運單位和廠商「直線對應」。

從此之後，財務部的行政作業大幅減輕，廠商也很好做事，他只要登錄系統，確認金額無誤，就可以開發票來請款。透過系統減少人為操作，同仁終於不用被電話轟炸了。

後來同仁被我訓練久了，總部夥伴自己也會思考哪一樣工作能不能更簡化？就連過去訂便當，有時會發生出差同仁抱怨訂便當的同仁沒和他聯繫，害他沒便當吃；負責訂便當的同仁也很無辜，因為他不知道出差同仁是出差半天或一天。就連訂便當這種「小事」，最後都整合到系統裡，讓同仁自己操作。要不要吃自己勾，吃飯吃麵也自己勾，自己忘了訂就不會怪別人，訂了沒人拿的由管理單位記錄罰錢，從此之後，大家就很習慣自己為自己負責。

每年一張白紙，寫下同仁最討厭的工作

除了我主動梳理問題，透過設計系統和整合制度，簡化工作之外，每年總檢討時我也會請同仁拿一張白紙，寫下他們這一年來最討厭的工作，或是覺得可以改善的地方。因為我認為，制度設計應該滿足使用者真正的需求，身為主管未必能看到執行的細節，必須讓同仁有機會發聲，我們一起想辦法改善。

就有同仁說，他很討厭寄支票，因為每次付貨款開支票，還要一一裝信封、黏貼，如果寄丟了，還要跑銀行掛失與處理一堆程序。所以我除了將不同門店的貨款整合成一筆之外，後來乾脆改成次月直接匯款，省掉開支票、寄送、掛失的行政作業。而且匯款等於現金採購，我們更有籌碼和廠商議價，他當然樂意提供更好的品質、更優惠的價格，完全是雙贏！

還有同仁反應，他很討厭整理資料、找資料，有時候突然要找某一年的貨款單，或是某個月的驗收單，每次都翻箱倒櫃找得很辛苦。為什麼這件事讓他這麼困擾呢？原來，同仁在資料歸檔時沒有習慣做系統化管理，一下子不知道從何找起，於是設計無論電腦或紙本檔案都必須編號歸檔，按照年分、類別逐一編號，而且資料必須歸放在公共區，不放在私人的存檔空間，每年檢視無需留檔的立刻刪除，就這樣運用一些小方法，解決了同仁日常的困擾。

也有同仁反應，每次對帳都要一筆一筆對，有沒有更有效率的方法？我的邏輯是，門店主管依核決權限都在單據上簽核過了，總部為何不用抽樣查核就好？如果有錯誤，再擴大查核，過去在會計師事務所也是這樣查帳。

同時，我也教育同仁要有「異常管理」的概念，對數字要有敏感度，每個月貨款多少、營收多少，其實都有一個大概的數字，即使有浮動，也不至於差異太離譜。假設這個月食材成本突然飆高一〇%，這就是異常的訊號，必須把單據調出來仔細確認。或者某家門店換店長、換店務行政時，因為不熟悉作業容易有疏漏，風險就比較高，這種時候也必須擴大抽樣確實查核。其他時間，只要善用總數管理和比例管理的原則抽樣就好。

創造行政部門的「價值」

為了建構更有規模、而且是策略型的財務團隊，除了一邊建構制度，我也一邊培訓同仁，尋找專業人才。即使是非財務出身的兩位同仁，我覺得他們資深且對公司忠誠度高，只要在財務領域稍微補強，一定也能有所貢獻。況且我認為從事財會的人，道德感和價值觀非常重要，如果公司裡就有這樣的人才，我們應該好好培育。

所以我買來會計學課本，請他們每周三天提早半小時來上班，親自幫他們上會計概論，教他們什麼是借貸、怎麼做基礎帳務、怎麼做傳票。那段時間，兩位同仁學得很認真，甚至午餐時間還要接受抽考，其他同仁隨時會出題：「應收帳款是借方，還是貸方？」「薪水是借方，還是貸方？」幾個月之後，他們的財會知識量大增，加上平常就在接觸實務，很快就能跟上節奏，後來都成為財務部很重要的戰力。

當制度和團隊建構越來越完善，同事終於脫離三天兩頭加班的日常旋風，因此我決定把過去委外處理的工作與門店作業的項目逐一收回財務部，帳自己記、稅自己報。同仁當時還質疑：「為什麼我們一直收工作回來？」我告訴他們：「這才是財務部的『價值』啊！」記帳、整理財務報表都不難，自己做更省事，又可以幫公司省錢，而且它可以讓我們即時掌握數據，即時檢視營運的利潤結構，第一時間透過財務分析提供策略建議，我認為財務部應該轉型成為策略型部門，而不是只會做行政作業。

要建立信賴感，必須先做出成績

一邊整頓財務制度，同步任務就是推動公司上市，中間也花了十多年，直到王品在二〇一二年掛牌上市，我才終於完成當初公司交付的任務。為什麼會花這麼久的時間呢？

其實，剛加入公司時，我很清楚公司找空降的人才，就是希望透過我的專業，有一天能夠上市，目標非常明確。但一方面，我心裡其實覺得決策可以再探討且時機未到，因為當時公司規模還很小，太快推動上市未必有好成績，所以我一方面建議決策層再思考看看上市的目的和必要性，希望能探討清楚且將時間往後延；一方面我也著手整合制度，無論有無上市，健全制度是企業經營必行之路，真要上市，屆時制度上也都能一切就緒。

我認為，**空降的人才應該先「認同」，而非先「否定」。**很多空降的人會覺得公司賦予他重任，一進去就想大刀闊斧地改革，但結果往往不如預期。所以我在建構制度時，從不說「以前這樣做不好」，而是說「過去有過去的背景，現在時代在改變了，我們可以做哪些調整」。我會先了解公司的企業文化，還有公司「內部消費者」的語言和認知是什麼，例如主廚就是聽不懂財務與損益表等某些專業用詞，我就必須轉化成他們聽得懂的白話與他們了解的現金流概念去解釋，這才是發揮專業。

我很清楚不太可能短時間就讓決策層認同我的想法，我必須先建構團隊和公司對我這空降主管的信賴感，同時透過實績一步步建構自己的分量和話語權。所以即使我心裡覺得上市待討論及不宜倉促，還是盡力協助公司從多角化經營聚焦餐飲，把所有門店整合成王品一個公司，同時逐步整合、設計制度與系統，如果有一天真的要上市，至少我們是準備好的，而且這些制度化本來就是一家企業想要永續經營應該做的。

後來，我發現團隊真的因此越來越信賴我這空降的主管，他們看到我在做的事情，也知道我不會因為不認同就不去執行。甚至後來十多年的過程中，幾乎沒有人再提上市這件事了。直到集團旗下的品牌越開越多，公司更具規模，也有更多元的擴展計畫，才覺得上市的時機確實成熟。

從四個人、經常加班到半夜的財務部，到建構策略型的財務團隊，落實公司上市的願景，其實方法始終如一，就是透過系統和制度的整合，簡化工作流程，解除日常旋風，提升工作效率，讓財務部的同仁不只動手，更有餘裕動腦，真正成為企業的策略夥伴。

解決繁瑣易出錯的流程瑕疵，打造策略型團隊的TIPS

一、觀察日常旋風的形成原因，透過設計制度和系統，並善用數位化管理，在一開始就把事情做對，減少行政作業與補救成本。
二、傾聽同仁的工作回饋，善用主管的專業與經驗協助改善。
三、帶領同仁從行政型部門走向策略型部門，看見同仁的價值，也創造功能部門的價值。
四、空降的人才必須先獲得團隊信賴，先認同公司文化，不急著否定。拿出實績，才能建立話語權。

第23章
重新審視經辦覆核流程，金額一點都不能差

有一次，工程部採購了一台設備要請款，請款單上寫著五十萬元，財務部的同仁簽核之後送過來，我一看就覺得不對且不合理，立刻請工程部的同仁前來確認。

我問他：「這請款單你是請款五十萬元，還是五萬元？」

對方回答：「五萬啊！」

「但單子上明明寫著五十萬啊！」我把單據上的數字指給他看。原來問題在於工程部送來的請款單上寫著五十萬元，或許是不熟悉財務工作的細節，沒有三位數打一點的習慣，所以沒發現多了一個零，五萬元變成五十萬元！更讓我在意的是，財務部的同仁居然就這樣簽核通過了？

我提醒財務部同仁：「我們是做財務的，其他部門的同仁這樣寫，你們就這樣簽，怎麼會一點敏感度都沒有呢？」其實少了那一點、多了一個零，只是問題的表面，更嚴重的問題在於財務部不了解營運單位的事務，對一台設備多少錢完全沒有概念，收到請款單後也沒有敏感度，五萬元和五十萬元，對他來說就是「數字」而已，當然會釀成這樣的差錯。

從此之後，我就規定財務部，「以後請款數字一定要三位數打一點，被我抓到誰少一個點，就罰十元，罰金拿去買飲料請大家喝；如果是你們抓到我少一點，就罰我一百元！」

隨著科技發達，越來越多財務會計工作可以委託電腦運算，省時省事，出錯率也下降，其實這對財務人員來說是一大福音，但財務同仁也因此少了敏感度與判斷力，面對請款核銷的業務很容易變成形式化的數據處理，這是很危險的。

例如單據上有經辦、覆核、核准，三個人蓋三個章，這三個角色其實應該扮演不同的功能。但事實上，經辦確認過的單據，覆核和核准往往就不會仔細檢查，前面的人簽了就跟著簽，我認為這樣分工下的覆核和核准根本就是無功能，而主管也不可能一一經辦查核，往往也因為相信同仁的作業與判斷就簽章。一旦發生把五萬元寫成五十萬元的失誤，該算是誰的責任呢？

於是，我重新思考定義經辦、覆核、核准的功能與權責，也就是讓各權責人員，負責管理他的權責支出，有權有責。

經辦，應該確認支出的權責義務、正確性，要逐一核對單據，一一加總，確認每個數字都正確無誤；覆核，不需要去核對每個單據、數字，但必須抽樣檢核單據上有沒有錯誤或漏失，也就是扮演「控制點」的角色，並進行簡單的合理性判讀；至於核准，只需要判斷數字的「合理性」與權責，不是去看每個數字正不正確、單據格式對不對，應該不要太投入數字細節，而是保持一些距離，甚至讓腦袋放空，翻一翻、瞄一下單據，才會跳脫框架，發現不合理之處並且突破

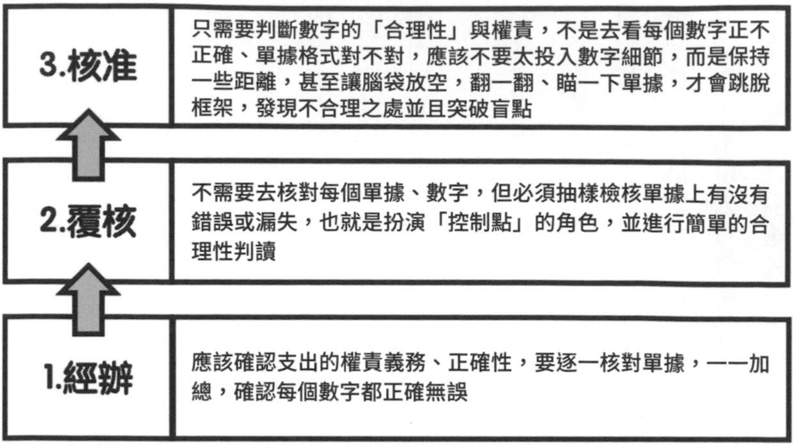

3.核准	只需要判斷數字的「合理性」與權責，不是去看每個數字正不正確、單據格式對不對，應該不要太投入數字細節，而是保持一些距離，甚至讓腦袋放空，翻一翻、瞄一下單據，才會跳脫框架，發現不合理之處並且突破盲點
2.覆核	不需要去核對每個單據、數字，但必須抽樣檢核單據上有沒有錯誤或漏失，也就是扮演「控制點」的角色，並進行簡單的合理性判讀
1.經辦	應該確認支出的權責義務、正確性，要逐一核對單據，一一加總，確認每個數字都正確無誤

圖 3.2　把流程中每個經辦人員的角色定義清楚（製圖／趙胤丞）

盲點。

例如，每個月公司所有門店的薪資通常是一億元，突然這個月的薪資變成一億三千萬元，財務部的同仁應該要有敏感度，勇於去發掘原因。如果這個月營收有明顯成長，這樣的薪資增加與比率是否還算合理，但如果營收沒有成長或薪資比升高，薪資突然增加三千萬，其中一定有問題，就需要探討與了解原因，是加班費特別高還是發生什麼狀況，探究清楚作為未來改善的依據。

財務該懂的不能只有數字，還有數字背後的意義

為什麼我會發現那張寫著五十萬元的請款單不太對勁呢？我認為是從事財務工作至今的敏感度，讓我的腦中浮現一個想法：「為什麼那台設備這麼

貴？」就因為這一個念頭，我隨手翻了請款單背後的報價單，瞄一下工程部究竟買了什麼，才發現原來真的出了問題。

特別是每個月的薪水和貨款，單位主管與財務部應該要對這些固定支出的數字很敏感。但我發現，有些同仁習慣只是「經手」數字，而不會「閱讀」數字，當我問他這個月貨款付了多少，有些同仁卻一時說不出來，還要進去系統查詢才知道。

所以我常提醒他們：「如果只關注細節很容易有盲點，尤其覆核和核准的人要站在制高點往下看，你們就是負責做『合理性判斷』，有『異常』要提出，否則很多單據報表就照著前一個人核准過了，財務部的功能何在？」

財務會計的功能不能少一點點。這一點，包括三位數一個點，也可能是金額差一點。就像有時候，同仁算帳會發現怎麼算都差一塊錢，有些人可能覺得，才一塊錢沒差吧？但我認為，差一塊錢就是不平衡，差一塊錢就是會跳票，做財務會計只有零和一，只有對和錯，沒有差一點點，也沒有灰色地帶。

我認為這樣的堅持也是財務會計工作的專業。不同於營運單位，服務客戶是處理「人」的問題，差個一點點沒有關係；但財務面對數字必須非常精細，因為我們負責同仁的薪水、貨款、負責和銀行與外部往來，要理性、要絕對正確，直加不能錯，橫加也不能錯，差一塊錢就是要找出來！

但財務也絕對不是死腦袋，如果是為了提供決策時的分析，就不會要求分毫不差。例如開店前，營運單位要分析區域人潮、獲利機制和利潤模組，既然是分析，數字就是提供決策參考，來源、比例合理即可，不必精準到分毫不差。

隨著時代演變，也有人好奇，現在做餐飲業的財務會計，需不需要什麼特質？老實說，如果是門店的收銀買單，現在都由收銀機和ＥＲＰ系統執行，其實任何一個人，甚至工讀生都可以勝任，因為只要會按收銀機就好。至於企業內的財務部，其實餐飲業的帳務相較於其他產業簡單許多，因為餐飲業最主要就是四大成本：食材、人事、租金、折攤。

以餐飲的生產與營運流程來說，它不像製造業有進貨、領料、出庫、生產、入庫、出貨等流程，餐點的生產時間非常短，食材在廚房烹調好，端到客人面前就完成了。餐飲的庫存也相對單純，只有肉類海鮮，由採購部統一採購，再送到門店，月底盤點存貨。至於蔬菜水果，幾乎是當天沒用完就丟棄，牛奶、調味料雖然可以保存幾天，但開罐視同使用，也不需要庫存和盤點。

所以我認為，餐飲業的財務會計部門，核心能力不是做帳、跑銀行，因為這些工作幾乎都有電腦和系統代勞；而是必須有分析能力，成為「策略型」的財務人員，協助營運單位建構利潤模組、檢視成本結構、設計制度流程，幫助營運單位減輕工作，並透過數字分析，提供財務決策的建議。尤其當人工智慧技術越來越進步，未來財務同仁的「腦力」絕對比「技術」更重要。

解決數字不慎出錯，培養數字敏感度的TIPS

一、財務會計除了掌握數字細節，也必須有敏感度，避免落入形式化的數據處理。

二、一個流程中的所有把關者，例如經辦、覆核、核准應該清楚定義工作，發揮控制點與判斷合理性的功能，才能突破框架與盲點。

三、財務會計工作必須斤斤計較，沒有灰色地帶，一塊錢也不能少。

四、財務會計應該善用人工智慧與大數據，精進分析能力，成為企業的策略夥伴。

第24章 開店前，先把獲利模組算清楚

經營模式和獲利模組是企業經營的勝利方程式。有獲利的企業才能永續經營，才有能力照顧同仁與同仁的家庭，並與合作廠商共創雙贏，也才有能力善盡企業的社會責任。但餐飲連鎖店的獲利模組是怎麼摸索出來的呢？

根據王品經驗，每個品牌設立前一定會先分析與試算它的商業模組。

第一，估算該品牌單月的來客量、周轉率和客單價，每個月和每年可能產生多少營收。

第二，依據營收等估算品牌的營業成本，主要也就是前面提過，餐飲業的四大成本：食材、人事、租金、折攤，加上其他成本。

第三，整體評估品牌損益兩平點與成立五年間，可能達到的獲利水準。

找出該品牌的利潤結構提報到經營與開發決策會上，由決策會成員及總部各專業部門共同檢視，確認通過後正式成立新品牌。

雖然在品牌成立前已經抓出獲利模組，但實際運作後，未必會完全跟著預估的模組走，所

以新創首店開始營運的前三到六個月需要不斷調整，找出預估和實際的落差。是來客量不如預期？實際客群和預期不同？周轉率與預估不符？執行流程不順暢導致成本增加？還是缺乏知名度導致營收不足？

過程中，必須再次探討品牌定位、定價、菜色、品質和運作流程，在初期不斷調整，找到好的商業模式和利潤結構。如果確實產生良好的效益，就可以進一步評估繼續開二店、三店，後面開的店就跟著第一家店的獲利模組走，後續開店則僅需微幅調整。

後面開的店需要調整的，主要是店面大小與營收差異形成不同利潤結構，如果第一家店開在台北內湖，第二家店想開在台北信義商圈，營收與租金比勢必不同，這時獲利模組就要換算調整。同樣地，財務同仁會先將二店的利潤結構估算出來，提到開發決策會討論。

「門店損益」和「品牌總損益」分清楚

連鎖店的門店損益有它特殊的計算方式，**大原則是先抓出單店的門店損益，以及需要開多少店才能達到品牌損益兩平，也就是設定連鎖品牌的「規模經濟」。**

首先從分析成本著手，除了食材、人事、租金和折攤等四大成本外，還會有門店變動的管銷成本，例如水電瓦斯、勞健保、不定期的廣告行銷費用。另外，連鎖店還會有非門店直接負擔的事業處主管、研發主廚、區經理等行政管理人員的相關成本。

需要注意的是，這些行政管理人員並不是為了「單店」而設置，而是為了連鎖化這個「品牌」。如果一開始就把這些人事成本算進去，第一家店一定不會賺錢，因為這些管理職的薪資可能要開到第五家店，有些品牌甚至要到第十家店，大家共同分攤才會划算，不能重壓在一家店身上。

因此，進行開店決策時，我會區分「門店損益」和「品牌總損益」，也就是區分單店的利潤，和納入品牌行政管理的人事相關成本後的品牌總損益。單店的總利潤很單純，就是四大成本加上變動的管銷等成本，「不包含」管理職的人事成本。

假設第一家店營收四百萬元，扣掉四大成本與變動的管銷成本，確定門店符合獲利結構，該品牌即可繼續展店。只要門店獲利模組確實存在，該品牌就可以續開第二家店。例如享鴨品牌在初期開立第一家店時，如果把品牌管理職的人事成本算進去，它是沒有利潤的；但扣掉這些人事成本，它的利潤就出來了，而且依據當初估算的獲利模組，開到第三到五家店，就可以完全分攤管理職的人事成本。

以王品集團多品牌來說，每個品牌都有自己的事業處主管、研發主廚、區經理，稱作「小總部」；而企業總部有採購部、財務部、品牌部等部門，稱作「大總部」。「小總部」只負責自己品牌的成本結構，而「大總部」的管理成本則是要分攤給這二十多個品牌，所以單純探討一家店的門店利潤結構時，大小總部的成本都暫不能算進去。

只要在創立新品牌時，先估算該品牌「小總部」的人事成本要開到幾家店才有辦法分攤？例如夏慕尼可能要三到五家店、石二鍋可能要十到二十家店，如果開不到這個店數，這個品牌就不會達到設定的利潤結構。就像便利超商，即使前幾年都在虧損，它還是會積極展店，開到幾百家、幾千家店時，它就有能力分攤「大總部」的成本，這就是連鎖店的思考邏輯。

一般人估算連鎖店的獲利結構時，最常犯的錯誤是只看總利潤。如果只開一家店，有總利潤的概念即可，估算出商業模式和利潤結構就可以開店；但經營連鎖店，總利潤不會只看單店，而是看店數規模。

無論是開新品牌或開新店，一定要先想清楚規模要多大？需要多少家店，才可以承擔大小總部的管理成本？如果在做決策時，獲利模組沒有算清楚，就會不知道該不該繼續開店。只開單店或多店連鎖，其實沒有標準答案，只是在做決策時，要用不同的角度去分析。

翻轉營收不足的問題，讓夏慕尼獲利達標

籌備夏慕尼時，初期我估算一家店應該至少有四百萬至四百五十萬元的營收，創業初期預計至少可以開十家店，並且達到設定的利潤，於是決策會同意通過。

結果第一店開幕後，第一個月的營收只有兩百九十萬，和當初預估的獲利模組差距太大，雖

然每個月都有起色，但增幅太緩慢。重新檢視後，我認為成本結構沒問題，調整縮減成本並不是解方，反而會傷害品質；關鍵問題在於營收沒有達到設定的水準。

於是開始探討營收不足的原因，是顧客不喜歡產品？餐點價位太高？地點不對？品牌沒特色？消費者不認識這個品牌？後來我發現其實來過的顧客很喜歡夏慕尼的菜色，也可以接受這樣的價位，問題在於很多消費者不認識這個新品牌。

當時我告訴團隊：「我們最大的問題是顧客不知道我們、用餐時不知道要選擇我們。所以我們必須要讓消費者知道夏慕尼！」既然如此，就必須在曝光度與廣告行銷下功夫，但初期我又沒錢登廣告。於是我們在夏慕尼一周年時，舉辦「尋找十月壽星」的活動，只要是十月出生的人，憑身分證就能「兩人同行，壽星享用一客免費餐點」。

就這樣，隨著曝光與消費者口碑分享，活動只進行十天，營收就增加一百萬元，總營收終於超過四百萬元，達到我最初設定的基本門檻。而我認為只要穩定營運，營收再創造至六百萬、七百萬應該都不是問題，而且營收越高，邊際利潤越高。

「尋找十月壽星」活動結束後，我更確定顧客對餐點、服務、價位都是滿意的，可見當初預估的商業模式沒有問題，確實是知名度不足，所以告訴同仁應該乘勝追擊，再做第二波活動持續曝光。可是，同仁此時已累到東倒西歪，開始抱怨他們無法負擔更大的工作量。於是我決定兩條路線同步進行，一是嘗試其他行銷方法，繼續提升知名度，二是調整商業模式和門店的作業流程。

當時韓國「亂打秀」來台演出，透過異業合作增加媒體曝光；後來也提供場地給台灣偶像劇拍攝、讓藝人辦活動，我們不以金錢贊助，而是提供場地和餐飲，透過與藝文活動和影視戲劇的合作，創造一波波的曝光機會。

而為了在同仁可以負擔的情況下提升戰力，也研究調整了備餐送餐的流程和營運操作。半年後，夏慕尼的營收就穩定維持在四百五十萬至五百萬元，利潤也就出現了。

開第一家店時，總利潤是虧損的，因為這家店的營收無法負擔我和研發主廚等管理職的人事成本。但到第二家店，兩家店分攤品牌小總部的人事相關成本，已經讓利潤結構逐漸成型；開至第三家店，就開始達到設定的利潤模組。店數越開越多，管理職的人事成本陸續分攤出去，利潤的曲線也就節節高升。

透過品牌診斷設立停損點

每個品牌的營運模式和生命周期不同，新品牌會出現模組估算與實際營運的落差，或剛開幕時爆紅，為期不久就迅速萎縮的「蛋塔效應」，而舊品牌也可能有老化的危機。這時候必須透過團隊共同診斷找出問題點，才有機會再創營收高峰，或者果斷取捨停損。

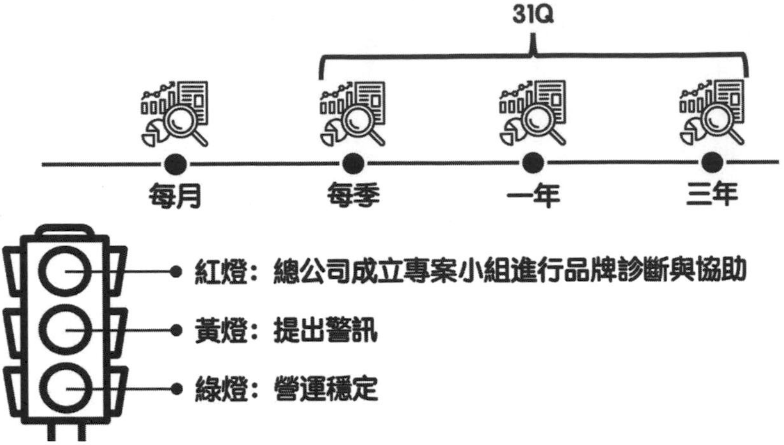

圖 3.3　31Q 的紅黃綠燈品牌診斷機制（製圖／趙胤丞）

王品是多品牌連鎖模式，除了每個月固定檢視報表，還有**「31Q」，也就是根據每季、一年與三年的定期檢視，訂出診斷和停損的「紅黃綠燈機制」。綠燈表示營運穩定，黃燈是提出警訊，紅燈則是總公司會成立專案小組進行品牌診斷與協助。**

畢竟品牌經營的不確定因素很多，必須隨時因應外部環境和內部的營運數字做調整。通常連續六個月都是虧損或營運衰退，就會被列入黃燈。如果為期六個月營運仍未見好轉，就會列入紅燈，由團隊診斷拯救，半年至一年後仍不見起色，就會決定停損，當然不同品牌屬性會設定不同期間標準。以餐飲集團而言，決定停損只是讓資源放在更有效益、更有邊際貢獻的地方，不要猶豫不決，因為有捨才有得。

解決品牌虧損問題，把獲利模組算清楚的TIPS

一、獲利模組在一開始就要抓對方向，找到對的商業模式與利潤結構，企業才能永續經營。

二、連鎖店的獲利模組應該考量品牌的規模經濟，區分「門店損益」和「品牌總損益」。

三、給予新品牌或新店三至六個月的觀察時間，調整預估與實際營運的落差。

四、根據品牌的營運模式和生命周期，設立停損機制，定期檢視、協助診斷。

第25章 從只跑報表、做核銷，到成為企業的營運策略夥伴

談到財務會計的工作，很多人都覺得就是做帳務、財務調度或資金控管。確實，這些都是財會的基本功能，但隨著時代進步，許多財會專業都已經被企業管理資源、人工智慧、ERP系統、大數據取代，企業中的財務會計還能扮演什麼樣的角色呢？

我常說：「財務單位的人不能永遠躲在辦公室，永遠躲在總部，這樣設計出來的流程制度和規範就無法和營運做連結。」

很久以前我就認為，財務人員如果只做帳務核銷，其實就是一般的行政人員，無法和營運業務產生連結。而且財務報表呈現的都是「過去式」，核銷記帳都是「落後指標」。所以我才會要求財務同仁將營運單位視為內部消費者，盡可能走進現場了解消費者，多了解門店的運作流程。唯有走到第一線，才能了解其他單位的困難，而這些困難，正是財務人員發揮價值的地方。

因此，**我希望財務同仁不要只專注在數字細節，應該拉高視野，站在營運端或業務端的視角思考，甚至站在企業經營者的高度，以公司策略的角度切入，將落後指標轉換成領先指標，**

事先內控、預防風險、協助主管減輕管理工作及作為決策參考。如果某家店的人事成本一直增加，而且高於其他門店的平均值，就應該進一步思考這家店是否有營運管理、動線或成本結構等問題，進一步從數字深入探討。

有時候我還會讓同品牌進行評比排名，請財務部將所有門店的食材控管、營收成長、離職率等指標列出評比。這樣的排名不只會讓門店產生良性競爭，也讓財務同仁翻轉思考框架，從數字走進實務，讓他們了解數字不只是數字，也可以是為主管提出決策建議的管理工具。

除此之外，我也希望財務同仁利用專業分析餐飲趨勢及品牌營運數據。例如每個月進行品牌分析，和自己過去的成績比、和競品比、也和同區域其他餐飲品牌比，甚至與品牌單位預測未來的餐飲消費走向，主動分析潛力產品的商業模組和利潤結構。

透過這些能力與視野的培養，同仁就會對開發決策和成本結構越來越有概念，可以超前部署，成為企業的策略夥伴。例如王品過去的品牌都是中高價位，並沒有經營平價品牌的經驗，籌備石二鍋時，財務部就必須協助營運單位設計品牌的商業模組、探討平價餐飲的成本結構，同時分析競品，回頭檢視我們的核心能力。

王品有二十多個品牌，三百家店左右，高階主管很難面面俱到，因此財務部的分析、建議和警示都非常重要。如果只做核銷記帳，其他部門不會樂意合作，因為無法產生共好；唯有走入現場，提升思考視野，提出策略建議，才能躍升為策略型的財務組織。

不拘泥於財報上數字的高低，懂得看出未來趨勢與方向

至於財務與營運主管，要如何從繁雜的數字或報表中看出端倪呢？很多人習慣從數字直接下結論和決策，例如人事成本飆高，就要求營運單位節省成本，但我認為，營運主管與財務人員應該要有敏感度，不只是看表面的問題，要有能力探究真正的原因。

如果某間店的獲利下降，且人事成本飆高，有可能是什麼原因？首先，我會先探討它的人事成本是高於平均值或高於其他門店？如果它高於平均值，也高於其他門店，是控管出現問題，或是營收不足？如果是營收不夠，一味要求它節省成本是沒有用的，因為每間門店的人事成本都有所謂的「呆水位」，也就是固定成本，就算一位客人都沒有，這家店還是要配置為了營運流程運作的必要人力。

營收不如預期時，很多經營者會優先採取壓低成本的做法，我認為適度的成本管控是必要的，但若是營收不足，卻只顧節省成本，而不去創造新的價值與營收，其實是在傷害品牌，這些都是消極作為，而且會造成惡性循環。

這時候營運主管與財務人員應該積極探討更深層的原因，當初夏慕尼的第一家店，創業首年沒獲利的原因不是成本結構有問題，也不是顧客不喜歡，而是來客數、營收不足導致，我們要採取的作為應該是努力拓展知名度，讓消費者認識而來用餐，而不是壓低成本，因而傷害品質。

如果某家店的營收在平均之上，但人事成本也高於平均值，並且高於其他店，這時候就有可能是人事成本控管或內部流程有問題，例如人事、工作站安排效率不彰、或同仁產值低於平均水準。例如，一位同仁平均可以照顧十位客人，但這家店一位同仁只能照顧七位客人，那就是效率不佳，必須加強管理與培訓。

另外一種可能是門店主管的管理狀況不佳，包括疏於管理、工作分配不理想、內部流程不順暢等，都有可能導致明明人力充足，卻在營運流程中相互碰撞不順暢，每個環節都卡卡的，以至於效率不彰。這時候營運主管與總部功能單位應該共同協助分析，揪出無效率的規劃、流程和管理不當的支出。

所以我認為培訓營運主管與財務同仁看出「趨勢」很重要，而不是拘泥於數字高低。包括餐飲業近年的人事成本一直上漲，因為缺工、薪資結構提升，這是趨勢，是不可逆的事實，而且市場普遍如此。在這種情況下，營運主管與財務人員應該「順趨勢」探討企業未來要如何因應，如何重建商業模組與利潤結構，以創造更高的價值與營收，而不是「逆趨勢」一味壓低人事成本。

除了從數字中看出趨勢，專業的財務人員還可以提供開發策略的方向，包括根據品牌的商業模式，建議門店的開設區域；根據品牌調性、設定客群和區域的人口結構，建議連鎖店的展店模式。例如桃園地區，價位超過千元的王品牛排和夏慕尼，只開兩家店，價位稍低一些的西堤牛排可以開到三到四家店，平價的石二鍋開到六家應該沒問題，其實都是經過專業單位與營運單位共同討論出來的分析精算。

有些人在尋找店面時會陷入迷思，只找熱鬧、人流多的地段，但別忘了，這樣的地方租金一定比較高。每個品牌的定調也會決定它的開發方向，如夏慕尼的價位與品牌調性屬於目的型的用餐，因此以夏慕尼的開發策略，不一定要開在最熱鬧、人流多的主商圈，而應該開在稍微偏離鬧區的住商混合地區。

因為以夏慕尼的品項和價位，消費者通常會在特殊節日、約會、慶祝時來用餐，雖然也有商務客與社區的家庭客，但主要是會事先預訂的目的型消費，所以開在交通尚稱便利的次商圈反而比較適合，加上租金不會過高，而且顧客停車方便，反而可以創造更好的消費體驗與利潤結構。

從會計師事務所走進餐飲業，又從幕僚跳出來開創品牌，我對財務人員的能力與角色更有體會。我相信，隨著時代進步，未來還有更多財務功能會被科技取代，所以財務人員必須提升自己的角色定位，那就是積極主動的專業分析、專業判斷、風險控管與策略建議，這都是企業不可或缺，而人工智慧無可取代的核心能力。

解決同仁只看到數字細節，而能提出策略建議的TIPS

一、只看數字的高低是治標不治本，要洞見數字代表的趨勢和問題的癥結，才能對症下藥。

二、透過數字與報表，將落後指標轉化為領先指標，提出分析、建議與示警。

三、走進現場，用創新思維解決營運困難，成為企業的策略夥伴，創造無可取代的專業價值。

第26章 省錢反而賺錢！設計從人性出發的雙贏策略

大學畢業剛進入會計師事務所時，我一心一意就是努力學習、努力賺錢，希望趕快累積社會經驗，賺錢買房子。當時我住在台中，經常需要到台北受訓，有時也會扮演救火隊，支援其他分所。很多同事不喜歡東奔西跑，我卻很喜歡出差，因為這樣的行程不但能累積不同的工作經驗，又可以多接觸外面的環境，而且還有差旅費！

當時事務所規定，出差的住宿費每日上限是一千六百元，所以大家都會去找一千六百元以下的飯店。後來，公司公告新政策，住宿費每日上限是一千六百元不變，但是如果借住在親朋好友家，公司會補貼住宿費八百元，如果再加上差旅費每日四百元，等於一天就有一千兩百元！我心想，太好了！這樣我就不用找飯店，去借住朋友同學家，每天還可以多領八百元，真不錯！

當時我還是傻乎乎的新鮮人，沒有想太多，只覺得可以多賺一點錢。後來，我靜下來思考，才發現這真是一個「雙贏策略」；尤其當我也開始設計制度，甚至擔任高階主管後，我更能體會當初事務所的政策是站在「人性」的角度思考。

如果我去住飯店，公司就要給付每天一千六百元的住宿費，這是必要成本；即使我可以找到便宜一點的一千兩百元飯店，金額其實沒有差太多。但是它鼓勵大家去住親朋好友家，補貼同仁八百元，公司支出金額立刻砍半，公司省八百元，而同仁賺八百元，不就是雙贏！公司省錢，同仁賺錢，真是高招！

而且以前住宿費要拿發票才能核銷，事務所的財務單位還要去審核發票的合理性和正確性，甚至會擔心有人拿空白發票自己填金額。但制度修改後，不用任何憑證，八百元直接匯入薪資，不需要設計那麼多防弊機制，大家都方便輕鬆，何樂不為？

從人性角度出發的制度，才能創造雙贏

從此之後，我在設計制度時也會從人性面出發，思考我要怎麼站在消費者的角度、站在同仁的角度創造雙贏：讓消費者贏，他就更願意來消費；讓同仁贏，他就會更用心在產品和服務，企業自然會產生更大的利益。

就像王品有一些品牌在請顧客寫建議卡時，會附上一枝筆，很多顧客都習慣把筆帶回家。就曾有同仁反應：「有顧客說我們的筆很好寫，能不能多給他幾枝，這樣下去，筆的消耗量真的太大了啦！」

我就告訴同仁：「你們知道嗎？如果我們要去報紙、雜誌或網路上打廣告，廣告費多高啊！這枝筆才多少錢？而且它上面就印著夏慕尼或公司的品牌名，拿到這枝筆的顧客等於在幫我們打廣告，去哪裡找這麼省錢的廣告呀！所以，顧客想要多拿幾枝，就給他一把嘛！」

就連我去機場報到，航空公司的地勤都拿我們的筆，我的EMBA同學也用我們品牌的筆，多讓人開心啊！他們拿著我們品牌的筆，在工作時傳來傳去，不就是幫我們打廣告嗎？何不大方慷慨一點，創造雙贏！看起來是吃虧，其實是我們占到便宜，因為公司省了廣告行銷費，還創造這麼高的廣告效益。

所以我常提醒同仁別忘了「慷慨主義」，多給顧客一點又怎麼樣？有差那一點嗎？滿足顧客，讓他覺得開心，他就會再來消費，為我們創造更大的效益，這樣的消費心理學也是我過去在事務所學到的，當時沒有什麼特別的感受，直到自己也開始設計制度後，才體會到那些制度真是聰明巧妙。

賺錢不是靠省錢而來

就像企業經營，沒有永遠的順風順水，總是有時上坡，有時下坡，起起伏伏很正常。尤其從事餐飲業，總會遇到食材成本、租金或人事成本上漲的時候，或者景氣不好，門店不賺錢，業績就會衰退。在這種時候，如果我們一心想著如何壓低成本，就很有可能讓品質打了折扣。

夏慕尼開到第四、五家店時，因為公司利潤下降，很多品牌都在設法節約成本。我和團隊檢視成本後，反而喊出「加值加量，加值服務」，因為我認為我們的營運狀況還不到要壓低成本的階段，如果我們加量又加值，每一客牛肉多增加十公克，料理的份量也增加，會不會提升顧客滿意度，讓他們吃得開心，更願意回籠？果然，推出「加值加量，加值服務」後，顧客反應非常好，本來三個月來一次，變成兩個月來一次，營收的周轉率越來越高，再次帶動夏慕尼的利潤。

也有人好奇，推出「加值加量，加值服務」，這樣夏慕尼的利潤應該不高？其實不然，後來夏慕尼一直是所有品牌中獲利的前段班，營收從五百萬一路成長到七、八百萬，甚至有些店可以破千萬。可見「加值加量，加值服務」是可以勝過cost down的。所以我始終相信，一定要給消費者最好的產品和服務，而且幫顧客做好食品安全的把關，我們怎麼對顧客，顧客就怎麼回報我們，只要做出口碑，就會有一定的來客數。

就像之前提過我早期設計的股權結構，最初假設董事長的股權大約有四〇%左右，後來規模擴大後，為了讓更多人才與主管入股，也鼓勵同仁出去開新店，便陸續將股權釋出，後來只剩下一半多。如果只看「絕對數字」，四〇%下降近一半，感覺他的股份確實減少很多；但別忘了，王品的店數也從二、三十家大幅成長為三百多家，那樣的營收規模是很驚人的，雖然股份的絕對數字減少，但利潤的絕對數字其實更高。

合理利潤與天理利潤

當營收衝高之後，我又和同仁宣導，我們要追求的是「合理利潤」和「天理利潤」，而不是無限利潤，賺越多越好。尤其我是學財務的，扣除固定成本，有多少利潤和邊際貢獻其實都是算得出來的，無限利潤並不合理。所以我常說：「合理利潤才能長長久久，如果你在顧客身上不斷壓榨利潤，到最後顧客是會背叛你的。」

所以，如果某家門店利潤很高，食材成本卻很低，就會被我視為不合理，甚至會被檢討。曾經也有同仁抱怨：「我是幫公司省錢，為什麼還要被檢討？」但我擔心的是料理上有沒有偷工減料？有沒有傷害到餐點的品質？除非是當初食材成本設計有問題，否則過度節省食材，其實是在傷害長久的口碑。所以我會要求，食材成本不可以過低，也不能減少研發設計的份量，合理標準的耗損沒有關係。我認為只要主管有這樣的觀念，同仁就會用心維護品質，會記得對顧客慷慨，而不會為了節省成本做一些小動作。

企業經營適度掌控成本是必要的，成本控制得宜本來就是公司經營基本的方程式，但如果一味節約成本，只是消極作為，無法長久永續及帶來利潤。真正的價值，來自於顧客的口碑，而顧客的口碑來自滿意度，唯有我們透過積極作為，創造顧客滿意度，才能創造口碑、營收和邊際貢獻的連鎖效應。

解決一味節省成本，找到創造雙贏方程式的TIPS

一、制度設計從人性出發，讓公司省錢、同仁賺錢，創造雙贏。
二、對顧客慷慨，好口碑和顧客滿意度就是最好的廣告行銷。
三、用「加值加量，加值服務」創造來客數，以積極作為創造利潤，而不是以消極作為省錢。
四、堅持品質與食材，追求合理利潤和天理利潤才是長久之計。

第27章 看見同仁違規的背後緣由，汰除過時與有缺陷的規章

隨著時間演進與企業發展，公司的產品和制度都必須跟上時代的腳步。面對客戶，我們推出的餐點和服務要跟得上時代，才能滿足顧客需求；而面對營運單位，也就是「內部消費者」，內控制度與財務制度也必須跟上時代，才能與時俱進。當外部環境與發展策略改變了，內部運作也必須隨之改變，我認為這才是有效益的「動態管理」。

前面提過，我當財務長時，開始用現金流量的概念管理門店，一家店一個虛擬帳戶，讓同仁清楚知道「收入」與「支出」，同時結合績效獎金與入股機制，用我戲稱變相「老鼠會」的模式運作了很多年。直到二〇〇七年，公司決定籌備上市，因此許多制度和系統都要隨之開始改變。

過去不同品牌是各自獨立的公司，而且每家門店的股份也不同，因應上市則整合為一間公司，所以二〇〇七年時進行了股權整併。二〇一二年，王品順利上市，之後我也卸下財務長的職務。有一次，我主持二代培訓會議，在這個會議中，每位培訓的二代主管每個月必須提出一個建議，提供公司改善意見。

有一個提案，是探討安全基金和人才培訓基金是否不要再從門店扣錢，而是按照損益表的模式分配獎金？我看到這個案子，覺得很納悶，心想為什麼這個制度還存在？

當時，財務部的同仁回答我說：「大美女，這個制度是你當財務長時設計的啊！」我聽了差點要從椅子上摔下來，我問他：「我當財務長多少年了？早期是用現金流的概念作為獎金發放基礎，現在公司已經上市了，整個環境與背景都不同了，當然用一般財務會計的原理進行啊！」

安全基金和人才培訓基金從門店提撥，當初確實有它的設計原理與背景，但公司上市後，這個情境已經不存在、不合時宜了，當然不需要留著原來的制度。所以我問同仁：「你們知道這兩個基金當初設計的原理是什麼嗎？」同仁面面相覷，沒有反應。

我這才發現，有時候同仁會缺乏獨立思考的能力，而且不敢質疑主管，不敢批判主管過去的決策。他們沒有察覺到環境變了，公司的決策走向變了，制度系統當然也要跟著變。

所以我告訴同仁：「過去有過去的時空背景，以前是對的，不代表現在也是對的。如果這些制度已經不符合時代發展，不符合公司現在的策略走向，就應該改變，為什麼你們沒有人主動思考、主動因應變化？」就這樣，我趁機進行機會教育。

制度系統規範不是一成不變的鐵律，我希望夥伴要有獨立思考、發現問題的能力，只要發現制度不合乎現在的需求，就要勇於質疑、勇於推翻，哪怕是自己一手設計出來的制度。而且，要深入探討制度設計的原理和情境，才知道怎麼做與為什麼這麼做；如果制度不隨時代汰舊換新，停滯在某個時間點，企業一定無法進步，更不可能永續經營。

另外，我也發現有時候功能部門單位會不自覺地停留在過往，不會定期檢視流程運作，適時做出調整。這個心態的背後，代表同仁缺乏批判性思維，不敢去挑戰創意和新的點子。我認為，制度和系統的檢視並不只是主管的專屬工作，而且主管沒有主動提出、一一檢視，並不是他不知道，而是制度經過經年累月的運作，希望功能部門的同仁應該要有判斷與檢視的能力。

我很希望能培養同仁的自驅動能力，鼓勵他們勇於批判主管過去的決策，發現不合宜的制度就主動提出來探討，不要害怕做大幅度的調整。如此一來，從部門到公司，才會一起朝更好的方向前進，而不是等待主管一個口令一個動作。

同仁犯錯，有時是公司制度與規範不夠完善

制度是沒有生命的，所以制度的設計者和使用者就更加重要。有時候，制度設計或規範不夠完善，不只會造成錯誤，甚至會造成同仁的困擾。在我擔任財務長和稽核長時就曾處理過這樣一樁弊案。

早期有些門店附近停車比較不方便，或特約停車場車位不夠時，我們會在結帳時詢問顧客今天開幾台車來用餐，用現金補貼顧客的停車費。當時稽核同仁發現，某間門店的停車費報銷高

得有些異常，而且高於平均值和其他門店，我也覺得這個現象有點奇怪，於是提醒稍微注意一下，也加強檢核。

後來，稽核室的同仁初步回報說，去那家店用餐的顧客，好像都會開比較多台車，因為申請兩台車、四台車的請款單比較多。我心想，該店用餐平均一單二至四人，且大部分的顧客都是共乘，或兩三人開一台，又不是時常有大型聚餐，怎麼會這麼多人申請四台車？

仔細追查才發現，是那家門店的櫃檯同仁作假，他更改字跡，把一改成四，多出來三台車補貼他自己拿走。因為同仁的敏感度發現這個狀況，於是稽核室正式啟動調查。

這樣的調查也需要一些技巧，我們以關心顧客的用餐狀況、餐點滿意度為由，再技巧性地詢問，顧客對於停車服務有什麼建議？習慣停哪個停車場？通常會開幾台車？這下才確認，其實顧客根本沒有開那麼多台車，而是同仁虛報；而且再往下追查，就發現當某位同仁站櫃檯時，停車費都特別高。

因為「王品憲法」第一條就是貪瀆條款，觸犯天條，圖利超過一百元者「唯一開除」。那位同仁接受稽核時一直哭個不停，他承認是他虛報，但其實背後尚有隱情。

原來，他站櫃檯時偶爾會找錯錢，結帳時如果發現現金短少，門店主管會要求他賠錢彌補虧損。同仁為了保住工作只好不時貼錢，但他也覺得自己很委屈，為什麼他被安排站櫃檯，就要負責彌補短缺的現金？他覺得自己又沒有故意占公司便宜，為什麼要掏錢？

於是，同仁選擇造假虛報停車費，把他貼的錢從停車費核銷補回來。而且他也並非貪得無厭，因為我們核對後發現，他確實沒有多拿，真的只有拿他貼的金額，而且還不足。因為發現背後的原因，最後並沒有開除他，只有記過處分。

這件事情讓我感觸很深。我首先想到的不是去責罵或懲處同仁，而是想到原來制度設計不夠完善，及原來門店主管的管理風格有問題。一家門店那麼多工作站，被安排櫃檯的同仁本來風險就很高，忙中有錯，找錯錢都是有可能的，如果主管規定短缺的錢都要由櫃檯同仁補貼，以後誰敢站這個位置？是這個制度造成同仁的壓力，讓他鋌而走險，做了錯誤的選擇。

類似的狀況，還包括早期門店有時會有一些沒有單據的採買支出，例如臨時需要一些蔬菜，同仁跑去黃昏市場買，小攤販當然不可能有收據，回來之後主管就不讓他報帳，這時候該怎麼辦呢？為了不要自己貼錢，就會有人和合作廠商要「空白單據」，再自己填金額，最後被發現虛報，又遭到懲處。

看到同仁因為這些事情被懲處，我都會很難過，因為是制度設計不夠完善，讓他們有機會挑戰人性，選擇虛報停車費、用空白單據報帳，畢竟同仁也是領月薪，他在這裡虧錢，當然會想在別的地方補回來。

遇到經費浮濫、造假虛報的情況，很多經營者會選擇加重懲處力道，加強監督稽核，嚇阻同仁犯錯。但我認為這是治標不治本，加強稽核，只是增加「補救成本」，我更希望從源頭改善，幫助同仁在第一時間就把事情做對，避免掉入制度的漏洞，甚至是陷阱。

所以後來我就修改制度，門店現金如果短缺，就讓數字「直接呈現」，由公司掛帳，不應該由櫃檯同仁彌補。如果長期有現金短少的狀況，就要找出問題，而且會反映在同仁的考核成績，如果某位同仁時常找錯錢，表示他根本不適合站櫃檯，主管應該根據他的特質重新安排工作，而不是一味要求他彌補虧損。

同樣地，為了解決空白單據的問題，我設計了一張「無單據證明」。如果同仁去菜市場或小店採買，沒有收據沒關係，只要真實把採購物品和金額填在無單據證明上，主管確認沒問題就可以請款，至少用這樣的方式給同仁一個方便。同時間公司也會宣導，請同仁盡量取得合法憑證，無單據證明能少則少，如果無單據證明使用太浮濫，財務部和稽核室也會提醒主管，所有單位自然會去改善。

這些做法是讓同仁不用擔心踩到紅線，同時公司對於道德規範的龜毛依然很明確，只要被發現虛報或蓄意舞弊圖利自己，一律就是開除，如果不是有意為之且無圖利自己，那就讓制度完善，讓同仁運作回歸正常吧。

制度是沒有生命的，但設計制度者的思考應該要有溫度，那麼制度就會活化。在設計制度時我習慣從人性出發，而且我相信人性是善的，尤其看過這些案例，我更深刻地體會到，如果因為制度規章造成同仁造假舞弊，其實是身為管理者的我們應該檢討，我們應該從源頭改善制度問題，不讓同仁因制度吃虧，甚至有機會犯錯，才是根本之道。

解決制度缺陷導致同仁犯錯的TIPS

一、制度必須隨內外環境做動態調整，才能發揮最大效益，不被時代淘汰。

二、了解制度設計的原理情境，培養獨立思考的能力，才能發現問題、拆解問題。

三、制度規範並非一成不變，必須定期檢視，只要不合時宜就要提出質疑，勇敢推翻。

四、用稽核和懲處防堵造假貪瀆只是增加補救成本，應該從人性出發，設計完善的制度，避免同仁踩到紅線。

第28章

把日常管理納入預算管理，同時因應環境動態調整

加入公司後，除了將內部流程制度系統化，我也會隨著企業發展的需求，適時推動一些改革，其中一項就是「年度預算制」。

為什麼要列年度預算呢?因為公司品牌多、門店多、各部門事務也很多，這種情況下用年度預算管理最有效益，所以我要求同仁每年十月就要完成預估隔年度的營收、支出和利潤，將下一年度的預算編列完善並提交審核。

透過審核的年度預算，如果是如時進行的日常支出，只要依據預算放行即可，至於專案就依據原先規劃的時程，再依內外部環境彈性調整，無法如期的項目就每月每季檢討，再重新研擬。透過年度預算制，讓經費使用依軌道運作，也因為預算事先審核，不會因人設事，日常管理單純化之後，也大幅減少主管的工作量。

剛開始推「年度預算制」時，我發現很多人在編列預算時習慣「膨風」，尤其是營收會出現不太合理的數字。或許是編列預算的同仁希望主管看見他的企圖心，於是就把數字稍微灌水，

而不是編列實際可達成的合理數字。這時候就必須再向同仁教育宣導，讓他們理解年度預算制的意義，慢慢把觀念調整正確。

但預算編好了，也審核通過了，並不代表明年就會完全照著預算走。尤其餐飲市場隨時都在變動，像新冠肺炎的疫情一來，政策和顧客消費習慣隨之改變，之前編好的預算一定有不可行之處，就必須隨大環境和趨勢做動態調整。

同仁有時候會缺乏動態調整的彈性，最常出現的狀況是，營收沒有達標，支出卻要達標。假設一間門店預估營收一千萬元，支出九百萬元，獲利一〇%；可是實際上營收只達成九五%的目標，也就是九百五十萬元，如果支出維持一〇〇%的九百萬元，獲利就會從一〇%跌到五%。

既然營收會隨著內外環境的變動有所起伏，支出也應該隨營收的成果動態調整。所以在預算管理時，應該設有警示門檻，例如設定警示在營收未達到預算目標的八五%時，整體預算就必須重新檢視。

營收沒達標，支出自然要動態調整

為什麼我對預算管理必須動態調整這麼有感？因為王品希望店長主廚可以多向外學習，每年在利潤中提撥金額讓店長主廚可以出國考察，讓同仁有開拓視野的機會，所以每年編列預算時，同仁都會先編列他們隔年出國考察的專案預算。

曾經有一次，某個品牌的第一季營收衰退，且實際營收只達標預算的八五%，並且第一季產生虧損，事業處說他們第二季準備要出國考察，財務部便於會議上反應：「某事業處的第一季營收沒有達標且產生虧損，為何還要出國考察增加虧損呢？」當他和營運主管反應時，那位主管堅持說：「出國是去年就編列的預算，去年都通過了，就該讓他們去啊！」

但他沒有想到，如果這個品牌營收原預估一千萬元，支出九百萬元，獲利一〇%。現在營收只達到八五%，也就是八百五十萬元，如果所有支出全照預算走，支出即為九百萬，這個品牌就會虧損五%！後來，我要求制定明確的預算管理機制、流程與示警機制，並宣導預算的精神，預防如果營收沒達標、支出又未隨著營收動態調整，那將會是災難的開始。

因此，後來我又將年度預算的制度修整得更完善。**人事、採購的支出是必不可少、隨同營收的「變動成本」，可調整的彈性有限；但專案執行屬於「非例行支出」，應該因應內外環境變動，不是預算編了，專案就非做不可，而是隨時都可以重新探討，調整專案的內容、規模和時程。**

總部的相關部門也必須設計警示機制，如果該品牌上半年的營收只達標八五%，但後半年評估有可能一〇〇%達標，我們不會要求它取消專案，而是要求專案預算往後延，達到某個門檻目標再繼續推動，這才是比較務實的做法。

前面提到檢討食材成本時，可以透過分類的方法論——「價、量、組合、替代材」，類似的邏輯也可以應用在預算的動態調整。例如原本同仁規劃全店二十多人要到新加坡考察，可以考慮降低預算，改成考察國內餐廳或者縮減人數，由店長主廚和菜色研發小組的成員，組織一個規模較小的考察小組，總之，達到目的的方法不會只有一種。

但有時候，即使營收沒有達標，甚至是呈現虧損的狀態，只要確認有其必要性，我也會讓專案放行。例如新創品牌，或經過診斷必須再造的品牌，或者有一些必須透過專案執行才能達到目標的特殊狀況。我認為重點還是在於做這件事的目的是什麼？想解決什麼問題？想清楚，就知道該怎麼做。

解決盲目遵循預算的缺陷，學會動態調整的TIPS

一、利用年度預算制，根據營收、支出和獲利編列預算，提升管理效率。
二、如時的日常支出和專案依預算放行，無法如期的項目每月每季檢討調整。
三、預算審核不因人設事，讓日常管理單純化。
四、預算審核後並非一成不變，讓支出隨營收成果做動態調整，適時機動檢討調整。

Part IV

營運問題，
我這樣解決

第29章
充分授權，讓聽見炮火聲音的人做決定

營運單位是接觸顧客的第一線，門店同仁從早到晚都在服務顧客，顧客喜歡什麼、不喜歡什麼，沒有人比他們更清楚。甚至我認為，因為門店夥伴「身在現場」，他們對於顧客的觀察和判斷，其實不輸給高階主管，所以我在決策營運事務時，都希望有第一線的夥伴參與，讓「聽見炮火聲音的人」做決定。

夏慕尼剛開幕時，曾推出一道主餐「牛肉四國捲」，用肋眼牛肉的薄片包裹紐西蘭奇異果、義大利莫札瑞拉起司、法國鵝肝和台灣的剝皮辣椒等四種食材，就像帶著顧客的味蕾去四個國家旅行。當初研發出這道菜色，大家都很興奮，因為我們就是想推出不同於傳統，又讓人驚喜的鐵板燒料理。

沒想到，牛肉四國捲叫好不叫座，顧客滿意度超過九五%，但點餐率長期都低於五%，於是被我們戲稱為「冷門的金牌得主」。其實我和團隊都非常愛這道菜，而且用的都是高成本的食材，我們不懂為什麼它滿意度很高，點餐率卻這麼低？又因為滿意度很高，也不敢把它下架。

後來正好是每年菜色研發調整的時期，當時研發團隊想要推菲力及牛小排，於是把牛肉類的主餐都拿出來分析比較，也請門店提供意見。就有同仁說：「顧客雖然喜歡這道菜，但因為它是牛肉薄片，顧客會覺得『肉』不夠多，CP值不夠高，他們覺得吃『排』比較有飽足感，比較划算。」

原來如此！

因為門店夥伴的觀察，我們終於找到牛肉四國捲叫好不叫座的原因，最後決定推出菲力及牛小排作為主餐，將牛肉四國捲改成季節性菜色或由主廚適時招待，結果效果非常好！不僅菲力與牛小排的點餐率很高，也帶動營收持續上漲。

讓聽見炮火聲音的人做決定，還包括公司秉持的「慷慨主義」，也就是對顧客慷慨大方，讓消費者來用餐有超乎預期的感覺或感動。

曾有一位老顧客，幾乎每一兩周就會來用餐，和主廚、同仁都很熟。經過長時間的相處，主廚觀察到這位客人很喜歡吃某個牌子的冰淇淋，剛好是店裡沒有提供的品牌。有一次用餐，剛好是客人生日，師傅希望可以在這個特別日子滿足客人並給予驚喜，於是在客人用餐時衝出去買了另一牌的冰淇淋，讓客人非常感動。

這種時候，如果還要向上呈報、請示主管，就無法在第一時間處理。所以**我們會授權門店主管執行「慷慨主義」，針對滿足顧客需求或處理顧客抱怨，讓主管有一定的權限和金額，不需要通報，當場就可以處理。**即使金額稍微超標或沒有收據都沒關係，事後寫無單據證明，說明原因、向上呈報就可以，就是希望方便第一線同仁能用最快的速度滿足顧客。

而且有些服務創意，只有第一線的夥伴才想得出來。例如在夏慕尼用餐，鐵板燒的餐點用完後，會請顧客到副餐區用甜點飲料。如果有顧客想慶生，同仁會在這個時候送上蛋糕蠟燭，幫顧客唱生日快樂歌。就有同仁反應，顧客好像沒有很喜歡這項服務，甚至會推託婉拒；又有同仁說，不是顧客不想慶生，是他們覺得蛋糕蠟燭加生日快樂歌很制式，只是行禮如儀，沒什麼新鮮感。就這樣，大家你一言我一語，表達各自的觀察。

後來，同仁決定改編「創意版」的生日快樂歌，把生日快樂歌改成無敵鐵金剛版、你是我的小花朵版、伊比呀呀版，再加上舞蹈動作，又唱又跳，結果顧客玩得好開心，氣氛超歡樂。大家甚至玩出興趣，後來還舉辦了夏慕尼的生日快樂歌創意比賽。過程中其實都不是我的主意，而是同仁自發的點子，因為他們最了解顧客的需求，而且真心想滿足顧客的需求，才會激盪出這麼有創意的服務，甚至成為夏慕尼的特色。

權責分明，充分授權，然後放手

為了讓聽見炮火聲音的人做決定，我會在設計組織時將權責區分清楚，讓門店主管知道哪些事情他可以自己判斷決定，並且充分授權。

首先是給顧客的慷慨主義和顧客抱怨的異常處理，也就是「用在顧客身上的」，例如小朋友來用餐，送他一個小禮物與招待；提供顧客適度的折扣；或顧客不滿意主餐，立即更換一份新的餐點；顧客覺得沒吃飽，再加送麵包飲料餐點等等，這些都不需要向上請示，同仁可以根據當下的情境判斷處理。

其次是人員招募、基層同仁的考核晉升。因為這家店是門店主管負責運作，團隊需要什麼樣的人他最清楚，平時基層同仁的工作表現，也是由他管理監督，所以這些都會授權門店主管。至於代理人和店長主廚的晉升，因為牽涉到更高階的營運管理和績效，就會由事業處經營會議共同討論負責。

其他和「現場」相關的事務，也需要借重門店夥伴的建議，或交由門店主管帶領團隊執行。例如營運流程不順暢、餐盤怎麼放最順手、備餐區怎麼設計最有效益、最節省人力，當然是門店同仁參與最快。通常我會授權一位門店主管，請他組成團隊去研究，提供流程修正的建議計畫書，再交給經營會報的主管們一起討論。這個過程也會讓同仁覺得他的意見是被尊重的，而且加入專案更有參與感。

還有人才培訓和職涯地圖的設計，也需要藉助門店夥伴的現場經驗。例如早期夏慕尼鐵板師傅要花六個月培訓，後來希望快速培養人才，也是由鐵板師傅們開會討論，請他們提供建議，最後再加上專業部門的意見，後來就順利把培訓時間縮短成三個月。

菜色研發的部分，我也希望研發團隊和門店夥伴多交換意見。有時候，兩道菜研發出來，我和研發主廚都覺得不錯，但很糾結到底要選A還是B，這時我也會邀請門店夥伴一起來試菜。有時候會發現同仁喜歡的菜色和我們完全不同，原來我們的思維偶爾也會太過傳統，反而是年輕世代沒有那麼多包袱；或者有些食材搭配我們擔心會不會太老派，年輕同仁卻說超好吃，原來這才是年輕客群的口味啊！

常有人好奇，王品這麼大的餐飲集團，門店這麼多，高階主管要如何聽見第一線同仁的聲音，進而抓住顧客的心呢？我認為，讓組織內部的大小溝通管道保持暢通是很重要的。

首先，門店每個月都會舉行同仁大會和幹部會議。基層同仁有任何意見都可以在同仁大會中提出，需要討論的就提到幹部會議中，牽涉到營運管理的，又會再提到經營會報，所以經營會報討論的事項，大約有八〇%至九〇%都是與營運和消費者相關。

另外，店長主廚和代理人可以透過每個月的經營會報和代理人會議，提出「每月一建議或一提問」，表達他對於品牌營運管理的意見，大家在會議中共同探討。還有各門店會蒐集顧客讚美和顧客抱怨的內容，也會在會議中分享討論，讓不同品牌、不同門店互相學習，有時候也會從中發現，原來有些細節我不一定能看得到。

為了培訓門店同仁，讓他們有發揮創意的機會，我們也會舉辦比賽，例如每年的「法廚獎——夏慕尼料理競賽」。各門店的廚房內部會先舉辦小比賽，推派同仁分別負責做出沙拉、主餐、甜點、飲料，優勝者再參加品牌所有門店的競賽。為了爭取名次，同仁都很努力，而且未來考績調動也會加分，我也會自掏腰包發獎金。其中更重要的是同仁的那股榮譽感，因為他們有機會端出自創作品讓主管品嘗，甚至有機會被研發成正式菜色推出。

我認為「由上而下」的管理只是方式之一，有時候我反而更喜歡「由下而上」，尤其越是基層、越和工作流程與消費者有關的事情，越需要由下而上，因為第一線同仁才是身體力行的人，他們才是聽見炮火聲音的人。我常開玩笑說：「別當聽不見炮聲的將軍。」企業經營，系統面、戰略面確實需要高階主管運籌帷幄，但營運面我們不可能比第一線的夥伴更了解，不如就相信他們，放手讓他們做吧！

解決現場營運的各種難題，讓第一線做決定的TIPS

一、第一線同仁最清楚顧客的喜好，營運決策應該借重他們的現場經驗與觀察。

二、授權門店主管的「慷慨主義」，讓門店在第一時間滿足顧客需求、處理顧客抱怨。

三、權責分明、充分授權、溝通暢通，越和基層同仁或消費者有關的事務，越應該由下而上管理。

第30章 強調現場主義，落實走動式管理

既然要讓「聽見炮火聲音的人」做決定，我們就必須「勤走現場」，經常和同仁接觸，傾聽同仁聲音，所以「走動式管理」非常重要。尤其是多品牌連鎖店，不定期巡店也是我們觀察門店營運的好機會，所以無論擔任事業處主管或執行長，我都會時常巡店。

我有一張專門記錄巡店時間的表格，透過系統性安排讓巡店更有效率。例如夏慕尼北中南有十多家店，同一家店我會故意安排在不同時間前往，有時是中午第一班去，有時是晚上去，有時趁同仁下午空班去，和他們一起用餐；甚至我會住在門店附近的飯店，在營業結束時陪同仁打烊，順便買宵夜慰勞同仁，這時候也可以觀察主管的管理風格和同仁之間的相處。

至於大節日，通常是門店最忙的時候，我也會系統性分配時間。例如某一年情人節只跑北部門店；母親節就跑南部門店；聖誕節和跨年專門跑中部門店。一方面會讓同仁知道，大節日主管為他們加油打氣，一方面更有時間效益，我也有陪伴家人的時間。

巡店時我會先看門店的環境清潔，招牌、用餐空間、裝置藝術、廁所，到處走走看看。尤其

顧客非常在乎的廁所，有沒有定時清潔很重要，廁所不乾淨代表這家店很糟糕；反之，廁所乾淨、氣味舒服，顧客就會對這家餐廳留下好印象。

再來，我會到廚房、吧檯，有時試一下醬料或飲料，隨機確認口味。廚餘桶也是我必看的重點，因為丟掉的東西最能反映消費者的喜好。我會看看顧客剩下哪些餐點？是哪幾樣菜吃不完？如果廚餘桶裡某一道菜特別多，表示那道菜顧客不愛，有時候也會請主管去桌訪了解，甚至要求試一下那道菜。

同時，也會觀察消費者的樣貌，看看我們當初設定的菜色和氛圍是否滿足他們的用餐習慣。例如很多顧客都是來夏慕尼慶祝、約會或是重要節日的聚餐，我們的服務就要滿足他們的期待，而且掌握消費者樣貌後，行銷廣告才能瞄準客群，發揮最大效益。

有時候我會以消費者的身分坐下來用餐，一邊觀察是哪些顧客走進來用餐，一邊聽聽旁邊的顧客在聊什麼，對餐點有什麼回饋。實際用餐也是觀察餐點品質及平時服務有沒有「走鐘」的好機會，例如有時候一忙，擺盤不立體，看起來就不夠可口；或是蛋糕上一坨奶油擠得不夠漂亮，美感就跑掉了。

再來，我還會看營運的順暢度和現場管理。有時候顧客明明在等餐，出菜口卻擠了一堆餐點，這樣就表示當天的走餐順暢度不佳。有時候是某一區人手不足，顧客要買單但是櫃檯沒人，這時候就必須依賴值班幹部，也就是當天營運現場的調度者，站在制高點的角度靈活調度人力，才能讓每個環節都運作順暢。

其實同仁看到我出現在門店，難免都會緊張，尤其是知道我要用餐，他們更是皮皮剉，我還聽過同仁哀號：「為什麼要把大美女排在我這一桌啦！」有一次我一吃完，師傅就跑過來問：「大美女，你剛剛用餐覺得怎麼樣？」我就說：「你剛剛那道菜火候沒控制好喔？」師傅就說：「對啊，因為我很緊張，手一直抖！」不過，即使在現場看到一些問題，我通常不會當下糾正，尤其不會在顧客面前，否則同仁一有壓力，更不能正常發揮，而且我也要練習「忍耐與等待」，因為有時候確實是我過度高標準。

勤走門店，落實走動式管理，也是因為既然我強調「現場主義」，就必須以身作則。我希望貼近現場同仁，貼近消費者，尤其是以消費者為師，讓我們保持謙虛，滿足消費者的喜好，精益求精。所以我也要求門店主管，營運時間要以營運為主，除了月休之外，每個月至少要有十五天待在門店。

雖然門店主管時常要出差、開會、忙教育訓練，但我還是希望他們也能落實現場主義，不能因為這些工作忽略營運現場，也不能在同仁忙碌的時候，待在辦公室處理行政事務，營運的時段，主管就應該在現場坐鎮。

異常通報管理

除了「日常」的巡店模式，我還有「異常」的巡店模式。

因為我在公司兼任很多個職務，承擔風險也是我身為主管的職責，但是時間如此寶貴，到底是充分授權還是事必躬親，管多管少真是一門學問，如何節制自己的權力，是分寸也是智慧。所以後來我決定，該管的才管，不該管的就授權，做好風險控管，於是我在擔任事業處主管時就訂出「異常通報系統」。

這份「異常通報系統」，分成營運篇、同仁篇、其他篇，分別列出遇到哪些異常狀況需要向我通報。例如〇八〇〇天使之音超過三通以上、連續三天滿意度低於八十九分、重大顧客抱怨、任何同仁住院、任何同仁道德問題等等。

所謂「異常」，是我在經營會報上，參考過往的統計數據，和店長主廚、區經理討論出來的標準。例如滿意度低於八十九分，如果只有一天、兩天，那可能是意外、不小心，我不會特別處理；但如果連續三天，那絕對有問題，這時我就會啟動「異常」的巡店模式，那家門店我就會跑得特別勤。

除此之外，推新菜色時還未熟悉，運作難免會亂，也算是非日常的狀況。因為門店量產和菜色研發時不同，況且推新菜還沒熟練，如何快速量產做到研發的品質水準都是挑戰。所以推新菜的那一至兩周，我一定每家店都去，每家店都試吃，甚至一天吃二至三家門店，因為我要確認菜色的穩定度、同仁的菜色解說、營運的流暢度，也要觀察顧客的反應回饋，如果發現菜色有問題，立馬請研發主廚和營運優化小組即時處理與優化。所以同仁都知道推新菜我一定會出現，甚至有時候還跑來拜託：「大美女，明天推新菜耶，你可不可以不要立馬來我店？」可見他們真的很緊張！

其實異常通報系統，是運用我過去在會計師事務所學到的稽核概念。錯誤率不高，就用正常的抽樣比例稽核；錯誤率很高，就擴大稽核。尤其台灣消費者大多很善良，不太會反應小問題，覺得「都吃完了，算了啦」，所以我常跟同仁說：「如果有一個顧客不滿意，其實可能還存在九個不滿意的顧客！」所以透過巡店，我們就有機會及早發現、及早預防，降低顧客抱怨的機會。

所以，如果我從數據中看到某個主餐的滿意度異常，或在門店用餐，覺得某道菜的口味怪怪的，這時候不用等到顧客反應，我的敏感度就會跑出來，巡得比平時更頻繁，甚至連續兩天都去。因為我必須了解是否品質或標準化流程發生問題？甚至會請區經理和研發主廚去特別檢視和輔導。

當我擔任執行長時，同樣也訂出異常通報系統，雖然內容根據職務有所調整，但核心還是以人為本。而且同樣是巡店，我很清楚我巡店的目的和角色不一樣了，餐點品質、顧客異常都不是我要看的主要重點，因為那些是事業處主管的責任，此時的我更重視士氣、氛圍及整體策略方向，例如去看看新品牌、新店、有狀況的門店，更重要的是要幫同仁加油打氣，感謝夥伴的付出，扮演大家的啦啦隊。

那時共有近三百家門店，雖然店長主廚的臉我大多認得，但要叫出每個人的名字還是很挑戰，所以我請資訊部建立系統，每次走進門店前，我都會先打開APP，確認店長主廚的名字，一進去就用名字稱呼他們，我很在乎這件事，也希望他們感受到我的在乎。

建立異常通報系統後，同仁就有依循的原則，很清楚地知道什麼事需要通報、什麼事不需要通報，真的讓我在管理上更輕鬆。曾有門店主管告訴我，他覺得這套系統很好，讓他覺得被信任，因為只有列示在系統上的事情才需要通報，其他事情就是授權給他處理，甚至他也把這套學起來，訂出他自己的異常通報系統。透過以人為本的制度化管理，夥伴就會知道我們彼此信任，遇到問題也會共同解決。

解決門店現場狀況，讓走動式管理發揮最大效益的TIPS

一、巡店行程分成日常和異常，透過系統化管理，發揮巡店的最大效益。
二、落實現場主義，藉由走動式管理，傾聽消費者建議，觀察現場營運的同仁表現。
三、結合以人為本的精神與稽核概念，制定異常通報系統，在風險控管的基礎上充分授權。
四、不同職務的主管有不同的巡店功能和角色，主管也要學習節制權力。

第31章

嚴守產品主義，從品質到安全的層層把關

王品餐飲是提供餐飲服務，「餐飲」、「餐廳」，「餐」字都是擺在前頭。所以我常和夥伴說：「既然『餐』擺在前面，餐點的重要性就要擺在第一位，做餐廳的，餐點不好吃，一切都免談！」裝潢再美、噱頭再多，如果餐點不好吃，都不可能長久。所以「產品」最重要，餐點的品質和滿意度才是我們追求的首要目標，也就是所謂的「產品主義」，這是我最重視的要求和堅持。

產品主義的第一要件，當然是食品安全。我常說，做餐廳的人是幫消費者把關，而且是把最後一關。讓顧客安心用餐是我們的責任，食品安全絕對是無庸置疑的最大前提，所以從餐點研發的階段，就會有食品安全部的同仁一起參與。

在餐廳，我們對於環境和人員的衛生管理把關嚴謹，包括同仁的體檢、營運設備的清潔消毒等等。對同仁的洗手宣導也很嚴格，進廚房的第一個動作就是洗手，只要雙手離開餐點去摸別的地方，就要立刻再洗手，沒洗手被抓到就會扣點。還有服裝的穿戴標準必須整齊清潔，廚師的瀏海不可露出廚師帽，檢查服裝儀容時要特別注意衣服上有沒有頭髮。

確保食品安全後，剩下的就是好吃美味。研發菜色時，我會要求研發團隊注重「色、香、味、形、器」五大關鍵。

把握「色、香、味、形、器」五大關鍵

「色」是顏色，餐點的顏色要勾人食欲，配色豐富、色調舒服。如果整盤菜都是綠色就太單調，必須加上一些紅色配菜或黃色醬汁；甜點也是，奶油蛋糕上只要點綴一片翠綠的薄荷葉，整個顏色就會「跳」出來，讓畫面更生動。

「香」是香氣，我們希望在顧客吃第一口前，先被香氣吸引，尤其是湯品的蒸氣，飄進鼻腔就讓人食欲大開，還有肉香、松露香、咖啡香，每一道料理的香氣都需要被設計，所以溫度很重要，餐點該熱的時候要熱，該冷的時候要冷。

「味」，是口感和味道的層次，好吃的餐點應該要有層次變化，有迷人的後韻，入口的瞬間、咀嚼的過程和吞下去的喉韻都是不同的體驗。就像吃法式料理，時常有建議的食用順序或搭配組合，不同的起司搭配水果、蜜餞、橄欖油、火腿，交織出豐富的味覺享受，再配上不同種類的紅白酒又是另一種驚喜。

「形」是形狀，「器」是器皿，兩者加起來就是餐點的視覺設計，餐點不只要好吃，還要好

看。就像蛋糕上的奶油一定要立體，如果平平的一坨，就會讓它的美味打折扣。每一道菜的擺盤都有最佳造型，而器皿就是它的最佳舞台，所以什麼樣的餐點飲料，要搭配什麼樣的器皿叉匙其實都有講究。

在研發菜色的時候，「色、香、味、形、器」都是團隊專注的重點。一旦菜色推出，在門市量產又是另一種考驗，不能因為大量生產就走味；還要注意送餐的時間點，不能讓熱度流失，才能維持香氣和口感；送餐時還要注意形狀不能跑掉等等。

說到夏慕尼的經典菜色，很多人都會想到主餐用完之後的那一碗櫻花蝦炒飯，很多客人都會要求續碗，後來還在外送平台爆紅。這盤炒飯背後也有故事，因為它是夏慕尼所有餐點中，研發最久、被我打槍最多次的一道。

炒飯，說起來是非常家常的料理，從家庭、小攤到餐廳，大家都會做，鐵板燒做炒飯的也很多，我們還能玩出什麼新花樣？當時我要求研發團隊去研究「有特色，而且家裡做不出來」的炒飯。於是研發主廚花了很多時間研究，鮑魚炒飯、鮭魚炒飯，試了很多種食材都被我嫌沒特色。

後來他在炒飯裡加了櫻花蝦，我一吃就知道口味對了！但好像還少了什麼？我告訴研發主廚：「我覺得加櫻花蝦是好吃的，但不耐吃，因為口感太乾了。能不能搭配一個滑順，又有特色的食材，讓這碗炒飯越吃越順口？」

最後主廚找到飛魚卵或魚卵，在炒飯起鍋前加上魚卵稍微拌炒，除了米飯和櫻花蝦的香氣，魚卵的滋潤滑順又增加了另一種口感層次，加上鐵板的受熱平均，米飯粒粒分明，大家嘗過後都非常滿意，也終於通過我這一關，正式在夏慕尼推出。後來主廚還抱怨我：「我研發過那麼多菜色，沒有一道像櫻花蝦炒飯這樣，這麼簡單的炒飯，我居然研究了快半年你才滿意！」

很多人投入餐飲業，是想把他個人喜歡的餐點口味推給大眾，但王品是多品牌連鎖店，必須大量生產，所以我們不能以自己的口味為優先，消費者的喜好才是重點，同時也要根據大數據的調研判斷。所以開新品牌時，我都會舉辦消費者試菜，根據年齡、性別、職業等背景，邀請不同的消費者模組，測試餐點口味是否符合他們的喜好，再根據建議做調整。

「產品主義」，還包括每一份餐點都必須按照標準製作流程生產，而且食材成本不能過低，不准「摳」顧客餐點的分量。例如設定的食材成本是三〇%，誤差值就是正負二%，超過二%表示使用有些浪費，低於二%表示沒有按照標準製作流程生產，或食材耗損有問題。

曾經有一間門店的食材成本過低，我發現後很生氣，要求門店主管不能低於標準。他很不服氣地說：「我是幫公司省錢耶！而且我這家店的利潤很高，以前的主管都稱讚我，說我食材成本控制得很好，現在居然還被檢討！」

沒錯！食材成本低於標準、不合理之時，不會被我稱讚，而是被我檢討！因為我認為食材成本都是經過試算的合理數值，而且肉類和蔬果都是由公司統購，雜貨用量也有設定標準，這家店的食材成本居然會低到這麼離譜？這時候我們就會進一步協助了解門店產品製作、損耗是不是有問題，有沒有依照標準製作流程執行菜色量產？

因為我認為，提供好的產品才是顧客滿意的根本，做餐廳當然要賺錢，但不是追求無極限的利潤，而是「合理利潤」與「天理利潤」。所以夏慕尼成立幾年後，遇整體環境下滑讓利潤下降，很多人都在推行cost down，設法壓低成本，當時我反而反其道而行，喊出「加值加量，加值服務」。因為我認為當時夏慕尼的成本還沒有漲到需要壓低，重要的是營收不足，所以我要求團隊以顧客滿意度為優先，讓顧客覺得好吃、滿意而且超值，才有機會創造營收。

當時，我反而要求團隊提高一％至二％的食材成本，全部用在顧客身上，結果來客數和營收都大幅成長，總利潤還高於增加的食材成本，創造更高的邊際貢獻，因此獲得上司的肯定，整個團隊都很開心，士氣大振。同仁也告訴我，原來對顧客慷慨，會得到更多的回報，因為顧客會願意回來繼續消費，又會介紹更多顧客來用餐。這件事也讓我更相信，只要把產品品質放在心上，顧客就會願意買單。

解決產品滿意度問題，掌握完美研發與合理成本的TIPS

一、堅持「產品主義」，餐點品質與食品安全是餐飲服務的第一要務。
二、餐飲研發必須以消費者喜好為優先，並掌握色、香、味、形、器五大關鍵。
三、控管食材成本，創造合理利潤，用加值加量讓顧客感受超值服務，創造營收成長。

第32章 由營運端主動提出合理的業績目標與開源計畫

每年年底的「年度展望會」，會議桌上都會出現這樣的對話——

A主管說：「明年度我每個月要做到六百五十萬！」

B主管說：「我只能做到六百三十萬。」

C主管又說：「你很沒guts耶！你的店比我大，區域又比我好，怎麼會只做六百三十萬！」

除了展望未來的積極態度，有時還能聞到門店主管之間因為良性競爭而飄出淡淡的火藥味。

「年度展望會」中，營收的目標數字不是由我喊出來，而是請門店主管自己提出明年度的預算、營收目標，以及他如何透過開源節流達成目標。因為我希望讓營運端自己設定「合理的」業績目標，透過共同探討尋求平衡點，讓同仁主動提出「開源計畫」，彼此激勵，互相學習。

也曾有門店主管問我：「為什麼我要做到六百五十萬，你卻允許另一家店只做到六百三十萬？」這時候，我們就可以一起分析不同門店的城市消費力、區域、門店大小、鐵板檯的數量、位席周轉率等原因，幫助大家確認「合理的」營運目標，而不是單純比較金額的大小。

如果經過試算評估，六百三十萬對那家店來說確實是合理目標，而且也比它過去的業績成長，那我就會同意，而不是硬逼它也要做到六百五十萬。我們要追求的是好營收、好利潤，而不是過度膨脹的營收和利潤。

我認為預算和利潤的設定應該務實，所以我通常會請主管根據「店型」與「位席周轉」，提出合理的營收與利潤數字。例如有些店的開店成本就是比較高，一開始的高投入已不可改變高固定成本的折攤；或者有些門店的空間較小，只有一層樓，而且位席只有一百個，它的營收當然比不上兩層樓且位席多的門店，但是兩層樓的門店，它的人力成本一定比較高，呆水位自然也比別人高。因此每家店的條件不同，「合理」的利潤也不同，唯有合理，才會創造利潤的新高。

所以我都會先讓主管提出目標和計畫，請他們說明具體要如何達成？預算增加的、營收縮水的，就請他說明理由，大家來探討是否合理。有時候，大家在提出目標時會顯得保守、缺乏企圖心，這時候我們就會先訂出品牌的總目標，例如品牌明年度營收要成長八%，先探討這個目標是否合理，如果大家都覺得可行，這八%就會分散到各門店，再根據門店的條件微調數字，有的店高一些，有的店低一些。

曾有一位主管，他的店是夏慕尼早期成立的前幾家店，他在會議上說：「我這家店其實已經久了，營收成長大概也飽和了，但我覺得如果我們的業績只認命地承擔五%，這樣也太沒企圖心，我希望我們可以認養到一〇%。」大家沒想到他語出驚人，就問他要怎麼達標？

於是他提出「開源計畫」，預計透過顧客資料庫主動搜尋，和曾經來用餐的顧客聯繫，希望再一次喚起顧客的記憶，讓他們在生日、結婚紀念日等特殊日子想到夏慕尼，多回來用餐，增加來客數。沒想到，這家店在他的積極與驅動下，營收居然再創新高，也成為其他門店學習的對象。所以誰說營收成長飽和就沒有進步空間？只要找到方法，就有無限可能。

自由競賽，良性競爭

透過年度展望會的討論，門店之間也會產生良性競爭，同仁會更積極、衝得更快，反而比主管逼迫他達到業績更有效益。而且業績和達標不僅關係到他們的考績，企圖心與執行能力也會影響未來給予獎勵和晉升的評量，值得培養的人才往往也會在過程中被看見。例如有些門店主管會積極找方法，有些主管就比較保守被動；達標率高、勇於解決問題的人，未來晉升機率自然比較高。未來如果有一間「大店」的主管空缺，當然就會優先考慮積極主動的人才，因為我認為有這樣特質的主管才有能力帶領團隊、照顧顧客，也穩住營收。

確定了目標，接下來就是執行與檢討。除了每月月底確認預算的達標率，每季也會做重大檢討，過程中隨著內外環境的變動，隨時彈性調整。如果第一季發現，目標的平均達成率為九五％，但有的店只有九〇％，有的店卻超過一〇〇％，也會在會議中請達標的門店分享，共同探討原因，作為下一季改善的方向。

同時，還可以善用集團多品牌的資源優勢，學習其他品牌的進步與優點。例如某個品牌的教育訓練成效很好，我們也會組團隊向他們學習訓練模組；或者某個品牌的顧客讚美特別多，就邀請他們的「服務達人」分享如何提升服務品質，受到肯定的同仁也會很開心，因為有機會上台展現他的專業。

王品多品牌連鎖店的模式，每個月都會公布營收排行榜與獲利排行榜，門店與門店、品牌與品牌間都會良性競爭。同仁會對業績第一名的門店說：「哇！店王換人做了！你們以前從來沒有得過，這次居然可以超越第一名！」原來的店王也不甘示弱：「放心，我們只休息一個月，下個月店王就是我們的！」

會議上也可以聽到A品牌的事業處主管說：「我們這個月是營收冠軍！」B品牌的主管就會說：「沒關係，營收冠軍給你做，我做獲利冠軍就好！」而且主管們也會相互打聽，「為什麼我們的開店成本越來越高？為什麼某品牌就可以控制在預算內？」他們就會找工程部探討開店成本如何控管，形成團隊合作。我覺得這就是一個良性競爭的學習型團隊，設計合理的業績和利潤，比一味追求高利潤更能凝聚正向的團隊力。

夏慕尼是王品集團第六個創立的品牌，雖然剛開幕時營收成長緩慢，但後來隨著口碑曝光和行銷活動屢創營收新高，終於有機會和其他品牌競爭。為了激勵同仁，當時我就喊出：「如果我們超越第五名，我就帶你們去聚餐！」就這樣夏慕尼一路在品牌排行榜上努力向前衝。

夏慕尼開創第二年，有一位記者打給我說：「秀慧，你可以幫我訂夏慕尼的位子嗎？我都訂不到！」我心想：「夏慕尼居然需要幫忙喬位子？表示我們真的紅了！」那天正好是我的生日，沒有什麼比這通電話更令人開心，我告訴他，這真是最好的生日禮物！

其實夏慕尼剛開幕時，營收還不到三百萬，後來好不容易做到四百萬，同仁就說累到不行，再做到六百萬時大家就覺得飽和了，但後來又可以衝到七、八百萬，甚至有的門店可以破千萬。所以我相信只要設定目標、找到方法，再給團隊適時的推力，就會激發同仁的無限潛能，他們就會再設法創新突破，設定目標、努力達標、再努力超標，就這樣一年又一年超越自己。

解決營收目標的設定問題，衝出超越目標成績的TIPS

一、由營運端主動提出營收目標，務實探討合理的業績設定，不過度膨脹。
二、業績目標不是比大小，而要根據門店的店型與位席周轉進行試算評估。
三、鼓勵同仁積極任事，勇於解決問題，透過業績的設定與達標，在過程中發掘人才。
四、每月、每季檢討目標達成率，並善用企業資源與經驗共享，讓品牌與門店形成良性競爭。

第33章
面對複雜的原物料，用顏色標記與雲端登錄統一管理

每次走進門店廚房，除了肉類、蔬果，還有各種調味料、雜貨、液態類、半成品，要怎麼管理庫存，並在效期內使用，確實是一門大學問。

牛羊豬雞海鮮等大宗品的食材成本較高，都是由採購部統購，這類肉品效期較長，而且會存放在中央物流中心，門店叫貨後才會配送，所以比較不用擔心效期的問題。至於蔬菜水果更單純，因為要維持新鮮度，通常都是當日配送，未用完即丟。

困難的是那些短天期、液態類和半成品，例如牛奶、優酪乳、果汁，效期短、用量大，可能兩三天就要叫一次貨；還有牛肉醬、沙拉千島醬等醬汁，製作一次可能會用上兩三天。廚房裡這些東西最多，而且品項繁雜最難盤點，也最容易出錯。例如牛奶進貨後應該「先進先出」，效期較長的排在後方，先使用效期短的，但有時同仁一忙或便宜行事，未先進先出就可能放到過期。

加上廚房環境潮濕，時常在洗菜、刷洗鍋具、退冰，或者吧檯同仁的手沒擦乾，容器上標示保存期限的字體就容易模糊，這樣一來就會讓食材暴露在風險之下，而且盤點和檢查效期時也

缺乏效率。

過去就曾發生過，同仁在事前準備時看到過期品，但他沒有當場丟棄，而是先放在一旁，想等忙完再來處理。但這種小小的拖延，就有可能讓其他同仁拿去誤用，或者剛好遇到衛生局檢查，一被查到都是百口莫辯，甚至上了新聞，更會毀損公司商譽和品牌形象。

餐點製作其實就像工廠的生產線，雖然生產流程很短，烹調完立刻上桌，但過程的原材料多種且擔心產生生菌，因此食材保存真的輕忽不得。過去因為標示容易模糊的問題，造成同仁運作上的困擾，於是後來我們決定採用「色彩管理」，規定那些短天期、液態類和半成品必須貼上「彩虹標」，一個效期一種顏色，一目了然。

每當食材配送到門店，第一個動作就是盤點貼彩虹標，星期一到星期日用不同顏色標記，並註記日期。例如星期一貼紅色，表示這個食材星期一之前應該要使用完，只要看到不應該存在的顏色，那樣食材就要立即丟棄。

使用彩虹標的好處是，同仁使用時能清楚確認效期，就算容器上的標籤潮濕模糊也沒關係，他只要看到彩虹標就能分辨是不是過期品。盤點時也很輕鬆，看到當天不該出現的顏色，就能立刻揪出過期品。過去我們很擔心同仁誤用過期食材，但自從使用色彩管理後，大幅減少同仁誤用的機率，而且現場很好運作，也減少盤點庫存的時間。

每個月總部也會有食安小組到各品牌的門店稽核，如果被查到食材沒有貼彩虹標，或現場有過期品，一律記過，因為食品安全是唯一標準，任何人都不能踩到這條紅線。所以後來大家對彩虹標都很敏感，當紅色標籤的食材到期了，就算只是先擺在旁邊，其他同仁看到也會立即丟棄，因為他知道「今天不該出現紅色」。

黑心油事件後的數位化革命

二〇一四年，爆發全台黑心油事件，也讓王品在食安上栽了跟斗。

我們沒有想到，檢驗合格的油品居然是黑心油，而且全台灣的知名餐廳一個接著一個連環爆。當時我們很感嘆，食品安全再怎麼防，也防不了黑心。這件事情讓王品得到一個很大的教訓，既然我們承諾會為消費者的食品安全把關，「溯源管理」確實是我們的職責，於是著手建置「食品雲」食品溯源系統。

和王品合作的供應商，除了經過查核、實地訪廠外，還必須提供供應商合法文件、原物料檢驗文件，再由我們登錄到「食品雲」中。而且所有的原物料必須追溯兩階，也就是供應商必須同意一〇〇%揭露他的進貨來源、生產地、廠牌、成分、批次等資料。

例如一道沙拉，可能使用了三十種原物料，從葉菜、堅果、油品、鹽、乳製品等，每一個原物料都必須溯源。我們希望透過「食品雲」系統落實溯源管理，確認食材來源的安全性，未來類似食安事件發生時，只要上系統查詢，就能在第一時間掌握哪一個品牌的哪一道餐點用到有食安疑慮的原料。

為了建構「食品雲」，當時我們也特別舉辦採購供應商年會，邀請供應商參加，向他們說明王品要做「食品雲」系統的決心，並再次重申和王品合作的供應商必須合法、產品品質優良，以及我們對於食品安全和社會責任的重視。

當時供應商也很掙扎，他們沒想到未來和王品合作居然要揭露這麼多資料，而且他們也要花大量的時間準備。但我們花了很多心力和誠意溝通，我告訴供應商：「我們的原物料來源真的太多了，所以絕對不能有不實的產品，也不能有不實的揭露。而且我們已經吃過一次虧，『食品雲』就是希望確保供應鏈的品質，一開始就把事情做對，唯有如此，我們才有辦法共同把台灣的食品安全向上提升。」

當時公司投資了數千萬的經費，專案小組二、三十名同仁用了半年多的時間、數萬個小時建置這套系統，除了同仁的用心，也要感謝供應商的理解和支持。雖然我們防不了黑心，但透過溯源管理已先確保安全來源，也可以在發現問題時，用更快的速度反應處理，而且一旦供應商知道我們為何不用某個原物料，他們也會想辦法去完善改進。

除了供應鏈的食品安全，在研發菜色時，還會有食品安全部的同仁加入，透過源頭設計，降低餐點加工製作或擺盤的風險；他們也會針對新菜色中的半成品，以最嚴謹的標準訂出效期，例如某個醬汁只能保存三天，門店的同仁未來就必須根據這個標準貼彩虹標。

食品安全部的同仁也會在試菜時判斷危險因子，如果他們認為這道菜的某個原物料，或某個烹調方式的危險因子比較高，就會提出警示，再確認是否調整，並在送檢合格後才會正式推出。曾經有一道軟殼蟹沙拉，就是在送檢時發現可能會引起少數人過敏不適的組織胺，最後我決定不推出這道菜。

因為王品是多品牌連鎖店，一道菜推出去就是全台灣的消費者都吃得到，一個小地方也疏忽不得。所以從色彩管理、建置食品雲到各階段食安檢視，堅持食品安全、「食」在安心，是我們對於消費者的承諾，我認為也是從事餐飲服務的根本。

解決複雜原物料的管理問題，系統化確保盤點效率的TIPS

一、導入「色彩管理」，將食材貼上彩虹標，以顏色代表效期，一目了然輕鬆管理，這種方式也適用於各式各樣的原物料管理。

二、透過系統化的管理，減少同仁誤用過期品，方便營運現場運作，提升盤點庫存的效率。

三、建置食品雲系統，落實溯源管理，確認門店使用的原物料能一〇〇%溯源。

四、從研發、試菜都由食品安全部嚴格把關，進行餐點的風險評估與管理。

第34章
從單品牌走向多品牌，需要清楚的辨識度與資源整合

王品投入餐飲事業後，一直專注在「王品牛排」，直到二〇〇〇年左右營運面臨困境後，戴先生啟動醒獅團計畫，鼓勵獅王創業，才開展出西堤、陶板屋、聚、原燒等多品牌，到現在王品集團共有超過二十個事業處。

以企業經營來說，多品牌的開發與管理其實會更有效率，因為透過企業資源的整合和組織制度的系統化，多品牌管理之後，開新品牌不需要從頭摸索，即使品類不同，還是可以透過既有品牌建置的模板和運營經驗加加減減。善用共同的經驗累積，就能創造倍數的綜效，如果第一個品牌付出的時間和心力是一，第二個品牌說不定只需要〇．九，第三個品牌甚至只要〇．七。

就像當初夏慕尼創業，雖然公司裡沒有人做過鐵板燒，鐵板師傅的廚藝、設備及接待，我與團隊必須自己建構，但大廳人才的培訓我可以借助其他事業處與總部的力量，何況這正是王品的強項。大廳接待員的訓練、接聽電話的ＳＯＣ都不需要從頭建構，只要根據夏慕尼的品牌定位調性加以微調就好。

多品牌的經營，需要注意的是各品牌的定位與辨識度要清楚明確，每個品牌要有鮮明的中心思想和自我主張，例如王品牛排強調「只款待心中最重要的人」的尊榮享受，西堤牛排走陽光時尚，夏慕尼自成一套浪漫優雅，開展出來的產品與服務都必須圍繞這個核心定位，否則品牌越開越多時一定會亂。所以多品牌經營，如何同中求異，異中求同，就是一門大學問。

同中求異，是指同樣做牛排，顧客會知道王品牛排和西堤牛排是不一樣的；一樣是鐵板燒，夏慕尼和 hot 7 也不同；同樣做火鍋，聚、石二鍋、青花驕、和牛涮都不一樣，品牌的定位調性與辨識度必須根據品類、價位、客群等因素，在開設品牌前就做好明確的設定。

最早成立的聚，是北海道昆布鍋物，一桌一個大鍋，客單價六百元左右，氣氛溫馨舒服，很適合家庭朋友聚餐，可以稍微坐久一點。

石二鍋則是主打新鮮食材，快速飽足日常的一餐，所以門店大多開在社區中，格局精簡的開放式廚房，讓顧客看到刨肉、擺盤的過程。顧客通常吃完就離開，不會久坐，所以雖然客單價比較平價，但是店數多，而且客量很高。

青花驕則是重口味的麻辣鍋，強調味蕾的享受，以青花椒熬煮的湯底也不同於市場上的麻辣鍋。而且空間裝潢講究東方美學的意境，希望讓顧客慢慢享受，客單價平均八百元左右，也是火鍋品牌中最高的。

至於後來成立的和牛涮，走日式的輕鬆氛圍，主打各種和牛料理的吃到飽涮涮鍋。

因為這些品牌的主視覺、空間裝潢、產品、價位都經過清楚定位，所以顧客第一眼就能辨認彼此的差別，不會混淆，想吃某一種火鍋的時候，他會很清楚要去哪一個品牌。每個品牌成立前都會不斷探討這些議題，如果發現和其他品牌重疊，或是無法辨識的問題，過程中就會一一檢視釐清。

對不同品牌來說，多品牌是在共享公司資源的基礎上，兄弟登山各自努力，各自攻占山頭，拓展企業版圖。但是對企業內部來說，多品牌經營就必須確認哪些組織規章和資源要連動？哪些要授權個別化？

以王品來說，公司文化和價值觀是我們很重視的核心，「龜毛家規」和「王品憲法」，不管哪一個品牌的同仁都必須遵循。而總部的各功能部門，也會設計制度，整合不同品牌的需求，幫助營運單位減輕行政事務、降低成本。例如採購部會統一採購，雖然不同品牌用的牛肉部位不同，一旦量大，就有議價空間，就能降低食材成本，提升競爭優勢。至於從品牌定位與精神延伸出去的，例如制服設計、空間氛圍、服務禮儀，甚至是舉止笑容，就放手讓各品牌自主決定。

從高端品牌走向平價品牌，清楚自己「只做什麼」

二〇〇九年成立的石二鍋，現在已經有超過七十家門店，成為許多消費者熟悉的社區風景。

其實石二鍋成立時，公司內部曾經一度糾結，因為它不是從單一品牌走向多品牌，而是從高端品牌走向平價品牌，也是王品第一個不收服務費的品牌，是我們過去沒有嘗試過的創業模式。

有人會說，有高端品牌的經驗，去做平價品牌，應該不難吧？其實這兩條路線是截然不同的思考邏輯，真的沒那麼簡單！

大家熟悉的王品牛排、夏慕尼、藝奇、舒果，都是走高端消費的路線，店數比較少，強調獨特性、服務、質感、手工、顧客體驗，也講求適度的適客化和慷慨主義，服務從心理學與美學出發，因此門店需要管理的彈性與自主性；平價品牌則是重視速度和規模，而且要用標準化打組織戰，才能搶攻市占率。

過去開新品牌時，獅王們都會複製既有品牌的經驗，因為同樣是高端品牌，用模板加加減減最有效率。例如王品牛排最強調尊榮感，後面創業的西堤、夏慕尼不用做到那麼滿，只要把王品的標準稍微減一些就剛剛好，這就是用「減法」創業。

所以開石二鍋時，公司內部設計系統時也很自然地想用「減法」，大家會不斷地問：要不要接訂位？要不要設〇八〇〇？買單要不要給顧客結帳信封？過去有的，每一項都問要不要做？一邊說「你還停留在高端品牌的思維」，另一邊說「可是這樣我不能運作啊！」就這樣每周開會吵個不停，整整吵了一年，因為大家已經習慣過去的創業邏輯，甚至被過去的經驗慣性綁住了。

既然大家吵個沒完，公司乾脆直接拉一群同仁組織專案小組，專門負責石二鍋。最後決定，石二鍋「不是減法」，王品從高端走向平價，應該要從零建構一套全新的創業模組，也就是「只做什麼」。所以當時就喊出「管理分流」，由總部重新設計一套專屬於平價品牌的制度，讓高端品牌和平價品牌的組織架構和管理系統分流，有各自的小總部，不要互相混淆，總部各功能部門中，也調整成有人專門負責高端品牌，有人專門負責平價品牌，腦袋才不會打架。

我記得當時最常對同仁說：「**不要用減法去思考，只問一件事，它要做什麼？沒做會死嗎？**」既然平價品牌重速度、重規模，就不能讓營運端被太多訊息干擾，他們只要專心服務顧客、積極拓展新店就好。因為顧客用平價消費，他們最在乎安心、快速、便利，所以我們的重點是優先滿足這些需求。

所以石二鍋不接訂位，雖然有設〇八〇〇，但僅是蒐集意見並改善，不會像高端品牌要求三天內要處理，甚至電訪親訪。甚至組織也稍做調整，因為石二鍋一家店的同仁人數不多，不需要那麼多的層級與代理人；高端品牌的區經理，一個人可能要督導整個新竹以北；石二鍋因為店數多，就改成區督導，一位區督導可能只負責督導板橋區、信義商圈。

其實不只是公司本身的思維要改變，過去熟悉王品的老顧客也需要適應的時間。當時也有顧客說，王品怎麼不給客人訂位？為什麼不設〇八〇〇？因為顧客認為我們是王品，是那個重視服務，以客為尊的王品。

其實做決策時常都是在兩難中糾結，但我們要在心裡不斷告訴自己，「**我們只做什麼？**」

先從消費者最在乎的做起。當時我們也密切注意各種數據，後來發現，抱怨的聲音隨著時間遞減，而來客數的曲線一路上升，可見消費者也會漸漸習慣王品新的品牌面貌。

定義每個品牌的戰略位置，清楚為何而戰

當事業處主管的時候，我只要負責夏慕尼或義塔一個品牌；等到接任執行長，同時面對這麼多品牌，每一個品牌都要發展，一定會搶資源，可是公司只有一個總部，有衝突的時候誰要優先？已經有三十家店的品牌說它還可以開四家，已經六十家店的品牌說它可以再開三十家，哪個值得投資？甚至有人問我，為什麼你容許某個品牌營收只成長五％，卻要求我成長一〇％？諸如此類，品牌放在一起難免有不同意見和爭執。

這時候，我就會搬出前面提過的ＢＣＧ矩陣，這次橫軸是品牌競爭力，縱軸是市場吸引力。開年度策略會議時，我會準備好白紙和便利貼，把各事業處主管分成幾組人，請各組去討論根據這些品牌的品牌競爭力和市場吸引力，公司這二十多個品牌要怎麼安排在ＢＣＧ矩陣中？

有趣的是，各組排出來的矩陣一定不一樣，有共識的品牌就先擱置，意見不同的品牌就拿出來探討，互相說服，甚至需要吵一吵。最後就會形成共識，「型」就出來了，光是用ＢＣＧ矩陣探討品牌的戰略位置，大家就可以熱烈地討論一整天。

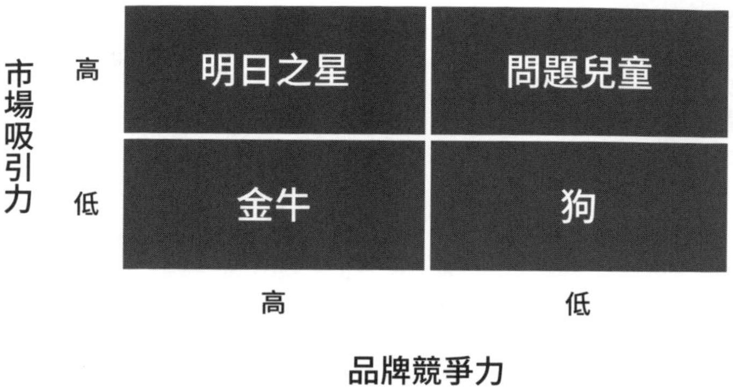

圖 4.1　王品品牌的 BCG 矩陣

有時也會發現，某幾個象限的品牌很多，某幾個象限的品牌很少，甚至會排出一面倒的矩陣，這樣整個集團的發展就不平衡。就像前面提過，BCG矩陣的四宮格分別代表明日之星、金牛、問題兒童、狗；如果金牛太多，沒有明日之星，公司就缺乏活水與前景；如果明日之星和問題兒童太多，金牛太少，公司金流可能就不穩定，也很危險。在討論過程中，就要和夥伴一起釐清這些問題，大家也會越來越清楚自己的品牌在集團中屬於什麼樣的戰略位置。

以夏慕尼來說，品牌競爭力是高的，因為鐵板燒有相當的技術門檻，而我們確實具備這樣的營運能力，和競品相比也具有競爭力。但夏慕尼成立至今已經很成熟，鐵板燒的市場份額也差不多飽和了，因此展店的機會有限，所以夏慕尼的戰略位置應該是把產品和服務做好，專注利潤，穩住營收。

至於當時新開的莆田，因為中餐的市場份額高，值得開發；但這是王品第一次跨足中餐，我們的核心能力還在培養，品牌競爭力需要努力提升。而石二鍋，當時已經開到近六十家店，因為台灣民眾真的很愛吃火鍋，火鍋類的市場份額很高，市場也繼續成長，甚至我們評估還可以繼續展店，擴大市占率，所以它的品牌競爭力和市場吸引力都是高的。

擔任執行長時，我覺得BCG矩陣是一套很好用的工具，幫助我們自我分析，把品牌放在對的位置，讓公司資源做最有效的投入。而且不是我一個人決定，而是由大家一起討論出來，二十個品牌就有二十個主管，自己看自己總是不夠客觀，大家一起探討，就比較容易產生客觀的意見，知道自己為何而戰。

其實，品牌的戰略位置沒有對錯，只是策略選擇。尤其王品採多品牌連鎖店，民眾看到的都是已經成功的品牌，其實有很多是大家看不到的，例如研發到一半決定不推出，或者成立之後效益不如預期，就當機立斷結束。對經營者來說，企業走到一個階段，品牌門店開開關關都很正常，有時未必是產品不好，而是時機未到，或許幾年後再開，又會交出好成績。

我首次創業初期，戴先生就曾告訴我：「研發不成功很正常啊！花個幾千萬有什麼關係？如果成功就是連鎖，營收是十幾億耶！」因為有這樣的視野，王品才能長成今天的版圖，我也相信如何在當下產生最大效益，才是企業經營者必須做的決策。

解決多品牌的定位問題，找到正確戰略位置的TIPS

一、從單一品牌走向多品牌，透過企業資源整合與組織制度的系統化，創造倍數效應。

二、多品牌經營必須有清楚的品牌辨識度，同中求異，異中求同。

三、透過管理分流，翻轉創業邏輯，從高端品牌走向平價品牌。

四、運用BCG矩陣探討品牌競爭力與市場吸引力，定義每個品牌的戰略位置。

五、當一個新創品牌有別於企業過去既有品牌的邏輯，就不能用「減法」思考，而必須思考「我只做什麼」。

第35章

不要考驗同仁記憶力，打造事前防錯的檢查制度

門店營運管理需要建立制度和規範，但有時規範太多、太瑣碎，也會造成同仁的困擾，反而一忙就疏忽了。所以與其設計很多SOP，不如將事項簡化，設計成checking list，透過「防呆機制」幫大家把事情做對。

在王品的門店有所謂的O／C表，也就是開店閉店的檢查表。開店前應該做的準備，包括開招牌燈、營業場所和廁所的清潔、試吃、備貨耗材等等全部列在一張表上，負責開店的同仁只要確認執行後打勾確認，不用刻意去背；閉店時，只要照著這張表確認瓦斯有沒有關、招牌電燈有沒有關、保全有沒有設定就好。負責執行的同仁打勾確認，再由值班的同仁負責檢查，設置double check，就是避免同仁做習慣後流於形式。

而且double check之後，就不可以再有其他動作。因為曾經發生過，廚房同仁在等大廳同仁下班，當時內場已經確認完畢，也檢查完成，他覺得等人的時間很無聊，乾脆來消毒抹布，後來竟然忘了，人就直接離開，結果加熱的桶子乾燒冒煙，警報一響，店主管接到通知全部跑回來。

當時我們就問，O／C表沒勾嗎？值班沒檢查確認嗎？結果O／C表勾了、也檢查過了，只是因為他閒著沒事，想順便做點事打發時間。雖然他的出發點是好的，但真的不可以！double check就是最後一關，不可以再有其他動作，那位同仁也因發生事故而被懲處，因為涉及安全問題，絕對不容忽視。

用SOC取代SOP，不要考驗同仁記憶力

至於廚房，我們也設計了菜品製作成分表SOC。為什麼不是SOP呢？因為P是標準流程（procedure），而C是確認（check），我們希望盡量讓同仁用確認的方式，容易上手，也可以避免犯錯，不要考驗他們的記憶力。SOC上還會有一張大大的圖片，讓同仁確認他做出來的餐點和圖片是否差距太大、擺盤是否立體美觀等等。

除了營運單位的自我檢核，區經理和事業處主管巡店時也會確認O／C表、營運檢核表有沒有填寫？顧客建議卡有沒有處理？我到門店也習慣翻一翻顧客建議卡，除了了解顧客的建議回饋，也看看門店主管有沒有處理不滿意的建議卡？這些事前防錯的檢查機制與不定期的稽核，都是希望確保菜色、服務和顧客體驗的質與量。

定義一次性問題，還是經常性問題

多品牌連鎖店的營運，不同品牌、不同門店會有不同的問題，有時候也會有到底要不要訂制度，或者當下解決就好的兩難。我的原則是，如果是一次性問題，就一次性解決；如果是經常性發生問題，就要建立制度和系統化。

例如夏慕尼有一道白蘭地鴨胸，有一次同仁告訴我，有顧客想喝烹調用的白蘭地，同仁可能覺得應該滿足顧客，而且我們有時候也會招待顧客啤酒、香檳和紅酒，雖然門店沒有賣白蘭地，他還是答應了顧客的要求，沒想到顧客居然喝到營運不夠用！我一聽就說：「太扯了吧！營運和招待是不一樣的啊！」同仁卻說沒有規範，他們會無所適從，而且顧客要求，他不好意思不提供。

所以後來就規定，烹調歸烹調，銷售招待歸銷售招待，酒單裡有的酒才可以招待顧客。清楚明訂制度規範，減少第一線同仁在營運過程中還要去判斷，如果真的有顧客要求，他也比較好說明。而且我們不是規定什麼酒可以，什麼酒不可以，而是訂出營運和銷售兩個大原則，這樣同仁就比較好判斷。

另一個狀況是鐵板燒師傅為了和顧客互動、增加用餐樂趣，時常會有點火秀，可是有時候玩過頭，就會釀成風險。同仁會要求，「你一定要給我們空間，不然我們怎麼和顧客互動？」但對我來說，鐵板燒確實是一場秀，鐵板檯也確實是一個舞台，但同時它也是最大的風險，而且隨時都有可能發生。所以後來就明確定義：可以做點火秀，但是點火的高度不能超過師傅的下巴，而且在點火前務必先關閉抽風。因為曾經有鐵板燒業者，做點火秀時沒有關抽風，火被吸到風管，導致鐵板檯悶燒。

後來我想了很久，為什麼師傅們會討論這個問題？其實他們真正想解決的是和顧客互動，增加新奇感，增加顧客用餐的樂趣，所以重點並不是「能不能點火」，而是除了點火以外，鐵板檯上還有哪些和顧客互動的方式？於是我請來魔術師幫同仁上課，教大家很簡單的魔術，例如折彎叉子、小吸管變大吸管，大家也學得很開心，不擅長魔術的人就學摺造型汽球，總之就是讓他們有多一點「招」。

後來我發現，只要找到根本問題然後對症下藥，雖然點火秀還是存在，但是次數減少了，風險自然也降低了。**不要看到問題的表象就急著出手，更深入探究才會發現問題的癥結，究竟是一次性問題，還是經常性問題，應該思考得更深入一些，才能找到真正的解方，而不是手裡只有錘子，看什麼都是釘子！**

類似的問題，也發生在餐點的分量上。我去演講時就曾遇到聽眾反應，「我到你們某個品牌用餐，但是吃不飽，覺得餐點分量太少了！」結果另一位聽眾接著說：「怎麼會？我去吃都覺得分量太多，吃太飽耶！」老實說，我們在決定餐點分量時也很兩難，因為讓顧客吃不飽，是我們對不起顧客；分量太多，又會造成食材的浪費。

也曾經有高階主管的朋友到門店用餐，結果反應吃不飽，我一聽就很緊張，畢竟做餐飲的沒有讓顧客吃飽，真的很不好意思，於是我們決定增加餐點分量。沒想到後來同仁又反應，顧客說吃得太撐，留下很多吃不完的食物，現場要倒很多廚餘。這樣的聲音真的很常出現，畢竟有小鳥胃也有大胃王，分量到底要不要改呢？反反覆覆地改來改去，同仁也會覺得沒有標準，究竟什麼樣的分量才是正確的？

後來我就和團隊檢視整套餐的分量，調閱近三個月的來客數和顧客滿意度，同時請門店同仁進行桌訪，著重關於分量的回饋，用數據和顧客意見做交叉比對，再決定分量要不要調整，而不是三天兩頭改來改去。

比對數據時我們也發現，顧客反應的第一名是吃太飽，第三名才是吃不飽，所以當時我們就決定維持分量不做調整。因為做餐飲，通常都會提供比平均值再多一些的分量，讓顧客稍微有點飽足感，所以七〇%的顧客認為吃太飽，我認為是合理的範圍。

其實我們在做菜色研發時，先是追求好吃度，湯、沙拉、主餐、甜點飲料一道道試，確認每一道都是好吃的，接下來就會試一整套餐，確認飽足感比平均值稍多一些。內部測試完，還會請消費者試菜，而且會分「質」的測試和「量」的測試，確認最終的口味和分量。或許這樣的設計只能滿足九〇%的顧客，剩下的一〇%我們則透過其他方式盡量滿足，或者詢問麵包、炒飯需不需要再續。透過現場的觀察與服務盡量去滿足，我認為這樣就夠了。

在常態分配中，如果是多數人的聲音，就必須迅速反應；如果是兩端的少數人，就未必需要即刻處理。所以在營運現場，我會要求同仁遇到問題要先了解研判，是一次性問題還是經常性問題，如果是一次性問題就當下解決，如果是經常性問題，那就來探討如何建構系統，讓同仁簡單運作，以減少日常營運的困擾，才不會把團隊搞得昏天暗地，也不會大小問題都向上請示。

所以技術操作面，有標準程序的工作事項，我們就會訂出SOC的檢核表；至於技術操作面以外的工作事項，比較繁瑣或需要判斷的，通常是幫助同仁「建立觀念」，就像營業用的酒和銷售用的酒其實就是一個觀念，只要釐清並訂出規範就好。我認為日常營運只要將八〇%的事情規範好，就能讓同仁有基本的原則，減少錯誤；剩下二〇%無法規範的，就需要現場同仁的臨場反應，透過教育訓練和案例分享培養同仁的價值觀與敏感度，站在顧客的角度提供最好的服務。

回應天使之音，建置營運的「不可為事項」

除了營運現場的狀況，有時候顧客反應的意見，也會幫助我們建立規範。願意花時間填寫顧客建議卡，甚至寫信、打電話反應的顧客，我們都稱為「天使之音」，因為他在乎這家餐廳、在乎這家店，才願意花時間提供意見。

例如我曾接到一通客訴，顧客投訴門店同仁「明示暗示」地向他同行用餐的朋友要電話號碼，讓他覺得很不舒服。我心想，怎麼會發生這種事？連這種觀念也要教？但是既然顧客很在乎，我就和團隊討論，集思廣益如何避免這些事情再發生，於是我們就把一些不在SOC、屬於「觀念性」的事項，明訂為「營運不可為事項」，包含顧客隱私、同仁安全、門店安全，或一些營運的細節行為，讓同仁明確知道這些價值觀和理念，例如不可以向顧客要電話、未經顧客同意不可以碰觸顧客手機、點火秀的高度不能超過師傅的下巴等等。

其中也有一些不可為事項是營運現場實際發生過的案例。例如有一次我在門店用餐，看到師傅做完第一桌的餐點，要去支援第三桌，他居然拿著鏟子和刀子直接跑過去，我一看大驚：「欸欸，你這樣很難看耶！亮著刀子跑來跑去，嚇死人了！」從此就規定，絕對不能拿著刀子在顧客面前移動，離開鐵板檯一定要把刀具收到工具套裡，或用毛巾包覆起來才能移動。

規定同仁只能定點點火也是，因為有些餐點飲料會用酒精燈加熱保溫，就曾經有小朋友奔跑撞到同仁，結果火被撞倒，導致送餐的同仁燙傷，剛好被我看見這一幕。後來我就規定，集團內的所有品牌都不可以端著火移動，一定要端到桌上，定點才能點火，結果同仁還想討價還價：「被撞到的機率很小啦！而且這樣會差三十秒耶！」我很堅持，不差那三十秒，為了顧客和同仁的安全，我們不怕一萬，就怕萬一，即使被說龜毛，也要盡可能避免風險。

還有些規定也是為了保護同仁安全，包括禁止使用高風險的化學品，例如鹼片。鹼片可以強效去汙，時常用來清潔鍋具油汙，但遇熱容易噴濺爆炸，可能會灼傷，就曾經有同仁因此受傷。後來我就規定，所有門店不准用鹼片清潔廚具，同仁就說：「可是鹼片很好用啊！油垢很快就洗得掉耶！」但是廚房就是一個有火又高溫的環境，所以我寧可他們慢慢清潔，也不要為了貪快而暴露在受傷的風險中。

「營運不可為事項」主要都是為了保護顧客和同仁的安全，也維護品牌的形象，當同仁知道這些規範後，就比較不容易在小事上犯錯。其實有一些規定都是我以前不曾想過的，因為顧客反應才發現原來有這些問題，所以我很感謝顧客當我們的品檢員，只要這樣想，就會相信就算是顧客抱怨，也是天使的關心，可以幫助我們提升服務品質。

解決經常性失誤，幫助同仁把事情做對的TIPS

一、不要考驗人的記憶力，建立防呆機制，設計檢核表讓同仁簡單確認。
二、一次性問題一次性解決，經常性問題就要建立制度和系統化。
三、不因一次性的聲音就改變，而要透過量化和質化的統計分析，滿足九〇%的顧客。
四、感謝顧客的天使之音，透過觀念建立和訂定營運不可為事項，提升服務品質，減少營運困擾。

第36章

面對環境改變，不忘品牌創立初衷

營運管理時，每天都要做大大小小的決策，難免有些決定很掙扎、有些決定很痛苦，每當我遇到這種時刻，只要回想起品牌創立的初衷，往往就知道下一步該怎麼走。

就像夏慕尼新香榭鉄板燒，是我第一個創業的品牌，充滿了我對餐飲服務的理想和女性創業的夢想。以夏慕尼為名，是因為我很喜歡這個位於法國和瑞士交界的滑雪度假勝地，也是攀登阿爾卑斯山的起點。我希望每位來到夏慕尼的客人，都在我們的帶領下，展開一趟味蕾的旅行。

當初在考察品項時，我發現台灣過去比較流行日式鐵板燒，那些餐廳通常不是在飯店，就是隱居在不起眼的巷弄中；因此很多人想到鐵板燒，都會想到燈光昏暗的包廂，或是髒髒舊舊的店面。但我想做的是清新浪漫，有人文氣息的法式鐵板燒，而且我希望廚房與廚師透過鐵板燒可以被看見，所以在設計品牌識別時，我們就決定融入法國意象與人文，希望顧客可以在清新、柔和、浪漫的氛圍中享受鐵板燒料理。

因此，我將招牌上的「鐵」字改為簡體的「鉄」，簡化字體筆畫，讓視覺更輕盈，希望翻轉鐵板檯剛硬沉重的印象。沒想到，後來我在路上時常看到其他鐵板燒餐廳也用簡體「鉄」字，我告訴同仁：「我們被模仿了！但是他們一定不知道這個『鉄』字背後的中心思想是什麼！」

夏慕尼的品牌色，也是以法國國旗的紅、藍、白色為靈感，將鮮豔的正紅色調整為優雅的一抹桃紅，並把法國的國花鳶尾花改造成印象派的浪漫風格，再用鐵件勾勒花的姿態，展現法式的人文優雅，這就是早期夏慕尼招牌的由來。除了第一眼的品牌識別，我也希望顧客一踏進夏慕尼，就有走進藝術之都的愉悅感受，所以夏慕尼的每家門店都有一台自動演奏鋼琴，牆面和鐵板檯的後方都布置法國風情的照片。

至於關鍵的鐵板檯要怎麼設計？傳統的鐵板檯都是一整片不鏽鋼，感覺比較剛硬冰冷。我認為鐵板燒就像一場秀，鐵板檯既是師傅展現廚藝的舞台，也是餐點的舞台，所以我們設計的鐵板檯讓顧客前方的檯面透出藍光，搭配藍色或紅色鑲邊的餐盤，用繽紛的色彩襯托餐點，這一系列的意象都是源自當初創業的初衷：打造浪漫優雅的法式鐵板燒，帶著顧客的味蕾去旅行。

除此之外，我們也希望顧客來夏慕尼享受第一時間的「先嘗嘗鮮」，我認為這也是鐵板燒最吸引人的地方。不像一般餐廳，餐點在廚房烹調後才送上桌，鐵板燒是把廚房搬到顧客面前，由師傅現場調理最新鮮的食材，省去送餐的過程，讓顧客在第一時間品嘗熱騰騰的滋味。所以我也不斷地向同仁強調，一定要做到「先嘗嘗鮮」，餐點該熱的要熱，該冷的要冷。

包括夏慕尼的餐點口味，我也希望有清新的法式特色。所以菜色口味不宜過重，不能太油膩，讓顧客吃得沒有負擔，還要像法國料理講究口味的層次感和喉韻；而且可以在鐵板檯處理的餐點就要盡量在顧客面前烹調，也要適時推出新菜色，讓味蕾的旅行充滿驚喜。甚至我還會要求師傅在鐵板檯的動作要優雅，不能太急躁、太粗魯，他們在培訓時就連撒鹽巴的手勢都會被糾正。

改變是好事，但要清楚知道「為何而改」

紀伯倫曾說：「我們已經走得太遠，以至於忘記了為什麼出發。」

在每天忙碌如戰場的營運管理中，這件事情真的太容易發生了。尤其當品牌經營久了，很多事情大家習以為常，就會變成「為做而做」、「舊了就改」，我也發現有些主管會「為改而改」，覺得「時間到了」就要改，卻忘了為什麼要這麼做？改變的目的是什麼？改變是否符合消費者的利益？甚至被日常旋風追趕，遺忘了當初創業的初衷，而品牌的調性往往就在這個時候走味。

或者，當人員改朝換代，早期創業的元老離開，甚至一代一代傳承久了，也很容易遺忘創業初衷和品牌精神。因為後來的人通常不如當初創業的人那麼了解每一個決策背後的來龍去脈，在改變時未必會像創業時花那麼多時間探討和定義，太快速倉促的改變，導致思考的周延度和細膩度不足，後續執行就容易產生不完善的情形。

既然夏慕尼的定調是法式鐵板燒，未來無論是重新裝潢、推新菜色，甚至小到換刀叉、換名片的細節，我都會提醒同仁莫忘初衷。所以想要更換招牌、更換品牌色，除非重新探討品牌定位，否則品牌色和法式意象就不應該跑掉；如果想換餐盤刀叉，就要挑選有線條感、質感比較輕盈的款式，而不能選擇太剛硬的造型，因為一個小細節，就會破壞法式浪漫優雅的氛圍。

但餐飲服務也不能一成不變，**一個品牌做久了，一定也需要適時更新，才能提供消費者新的體驗。**通常我們會透過經營會報、經營決策會等會議探討品牌定位是否需要調整？哪些門店需要重新裝潢？菜單名片要不要改版？再透過品牌重新定位的會議決定有哪些東西需要調整，目標確定後，文案、裝潢設計和菜色研發就會往這個方向進行。

而且我認為這些時候多聽專業意見，往往會有新的火花和靈感。通常我們會將品牌精神告訴設計師，請他根據我們的品牌定位提供想法，有時候不一定是大改造，只需要微幅調整，例如有些門店裝潢比較老舊，設計師可以透過一些新的手法和元素，不需要大翻修，就能為空間創造符合時代的視覺效果。或者制服需要改版，也會請設計師延續品牌風格和品牌色，不需要品牌大改造，也會讓顧客有耳目一新的感受。

每個品牌都有它創立的初衷，但是在營運現場，很容易因為工作忙碌或人員更換而逐漸淡忘，所以我在營運管理時，習慣不斷向同仁分享，告訴他們品牌設立的初衷和中心思想，當大家都把品牌精神放在心上時，舉手投足就會是品牌該有的樣貌，遇到事情也會知道該如何判斷。

我常說：「莫忘初衷，方得始終」，創新是好事，但別忘了你為何而戰？品牌創立的初衷就像汪洋中的光亮，讓我們在迷霧中看清方向，堅持走到終點。

解決為改而改，在不忘初衷的前提下更新品牌的 TIPS

一、創立品牌時，從品牌識別、空間裝潢、菜色和服務都必須緊扣品牌精神，提供顧客調性一致的五感享受。
二、改變必須符合消費者利益，避免被日常旋風追趕，為改而改，卻不知為何而改。
三、定期探討品牌定位，並參考專業意見，釐清需要大改造或小調整的事項。
四、時常向同仁宣導品牌創立初衷，讓品牌精神內化於心，延續品牌的芬芳。

Part V

顧客問題，我這樣解決

第37章 結合質化與量化，系統性管理顧客滿意度

「創造美好的用餐體驗」是王品從事餐飲事業的使命。我們相信好服務帶來好口碑，好口碑帶來好營收，而同仁獲得肯定，就會更用心提升餐點與服務品質，創造正向的循環。因此在營運中，我們非常重視追求顧客滿意度、獲得顧客認可，所有的產品和服務都是以滿足消費者為依歸，一切的設計都要以顧客意見為中心。

研發夏慕尼餐點時，我們時常從法式料理汲取靈感，也帶團隊品嘗過布列斯雞、巴黎銀塔餐廳的血鴨。因為法國有冷湯的傳統，所以我們就研發出一道雞肉芒果冷湯，這道冷湯對團隊來說也是廚藝的挑戰，研發出來我們都非常喜歡。沒想到正式推出後，顧客反應卻不如預期。門店同仁說：「顧客覺得冷湯很奇怪，感覺不是湯，因為台灣人就是想喝熱湯。」既然不受顧客青睞，雞肉芒果冷湯沒多久就下架，大概是夏慕尼壽命最短的一道菜。

為什麼我和團隊愛得要命的冷湯，顧客卻不買單？後來想想，因為冷湯背離了台灣消費者對湯品的常識和口味，而且當時除了比較高檔的法式餐廳，很少人推冷湯，一般大眾比較少接觸

到這樣的料理，沒有太多機會認識它。這件事也讓我反省，不是我們認為最好的，消費者也認為最好，尤其我們是大眾取向的連鎖店而非特色型小店，餐點還是應該符合大多數人的胃口，顧客不喜歡就沒有意義。

當時我告訴團隊，「**我們可以領先半步，千萬不要領先一大步！**我們應該要提供消費者喜歡的餐點，不要急著去挑戰或改變消費者的口味。」我認為或許未來還是有機會推冷湯，只是當下的時機點不適合，需要取捨和選擇。

質化管理：紀錄顧客的評價與喜好

也因為這樣，傾聽顧客的聲音、蒐集與管理顧客建議，並制定出有效率的處理流程，作為後續改善的落實，就是營運非常重要的一環。除了第一線同仁的桌訪，也設置〇八〇〇專線、顧客信箱、顧客建議卡，甚至Google的評價、網路聲量等，以多管齊下的方式蒐集顧客最直接的反應。

例如，我們會針對門店顧客的訂位資料和用餐習慣進行建檔，尤其是經常光臨的老顧客，例如有人喜歡靠窗的位席、有人不吃起司大蒜、有人喜歡喝紅酒；未來當顧客訂位時，第一線的同仁就很清楚消費者的樣貌，從顧客一踏進餐廳，就能為他做貼心的安排，讓顧客感覺賓至如歸。

又或者是，有時候顧客對菜色不滿意，會進行更換或退單，雖然這樣的機率非常小，我們也會統計，並檢視究竟是哪些菜讓顧客不滿意而退單？問題出在哪裡？如果真的是品質有問題，就會請菜色研發團隊進駐進行了解，探討後續的調整修正。

量化管理：從報表數字看出關聯和異象

蒐集這些個別化的意見只是第一步，我們更重視的是把這些資料彙整和統計過後，展現出來的消費者樣貌。因此，總部設有一個資料分析小組專門負責這個業務，把各種數據進行統計與交叉分析後，提供與幫助決策和管理階層進行各方面的營運參考改善。

例如，我們可以從顧客來自門店方圓幾公里，藉此判斷消費者的來源比例，例如某間門店的主要客群來自內湖、松山、士林，如果長期都是這三個區的顧客占大宗，或許就可以評估該地區是否可以再開一家門店，作為未來決策的參考依據。

或者，南部顧客選擇牛肉為主餐的比例較高，因為他們認為牛肉還是西餐廳的經典菜色，北部顧客就比較喜歡變化，更願意嘗試其他肉品或新品。甚至口味也有南北差異，南部的口味偏甜，所以我們也會同意南部的師傅烹調時多加一點糖。

此外，大數據還會告訴我們不同品牌的顧客喜好。例如選擇夏慕尼的顧客主要是「目的型消費」，他們最在意餐點品質和氛圍，餐點好吃、氣氛舒服會比價格更重要，因此門店開在人流不是最多的次要商圈，他們也可以接受；至於石二鍋的顧客，他們的消費目的主要是滿足日常的一餐，因此對價格和地點便利性的敏感度則比較高。

每家門店的數據都可以和過去同期比、和趨勢比、和其他門店比，甚至不同品牌之間交叉比對，只要一比較，誰進步、誰沒進步、誰異常都一清二楚，而這些差異就是我們管理顧客滿意度的契機。例如某門店的湯品滿意度一直吊車尾，可能就是這道湯的口味出了問題；或者品牌多數門店的營收曲線都上升五%，某家店卻一直沒有成長，可能是營運流程不順暢、成本控管不佳，值得細究原因。

我在看顧客滿意度的統計時，曾發現某門店的牛小排滿意度很低，而且一直都在該品牌主餐類的最後一名。可是滿意度有高有低才合理，一直都吊車尾實在太異常，於是我就請研發主廚去了解，它的牛小排究竟是出了什麼問題？結果發現，原來它在製程上少了一天的熟成，沒有達到研發菜色時的熟成時數，所以少了一個香甜的風味和口感，難怪顧客不喜歡。如果沒有親自品嘗，我們未必會發現某個品牌的某個產品有問題，就是數字發出不對勁的警訊，才讓我們有機會仔細探究。

所以我也要求店長主廚學會看簡單的報表數字，他們就會了解為什麼其他門店一天可以接三百位客人，他的門店卻只能接兩百五十個，是不是他的位席周轉率或排程做得不夠好？看見問題與機會點，才能進一步思考如何改善，甚至分析各項支出成本，創造獲利的方程式。

報表和數字會告訴我們很多消費者的喜好，讓我們學習到如何滿足消費者才能得到效益，協助我們做營運管理的判斷。如果對數字有敏感度，從數據中看出關聯、看見異象，就有機會繼續往下挖掘問題的癥結，然後對症下藥。

從趨勢預測顧客行為

不過，不管是質化資料還是量化資料，都是顧客已經走進餐廳之後的結果，也就是所謂的「落後指標」，我們也希望主動創造「領先指標」。所以總部的品牌部與經營企劃室就是專門研究各品牌與消費趨勢，他們必須觀察、預測消費者喜好，不斷提出新的策略，走在最前端思考如何追求顧客滿意度。

像我平常喜歡注意街上的商店，最近流行什麼？為什麼這家店在排隊？那家客滿的餐廳賣什麼？如果有這樣的敏感度，日常生活的觀察也會是最直接的市場調查。此外，公司也會從研究機構蒐集資料，例如近年台灣民眾最喜歡的餐飲品類就是火鍋，火鍋連鎖店的成長率驚人，雖然競爭激烈，卻也商機可期。

還有相關網路平台的統計和評價，或者和銀行異業合作，了解民眾喜歡在哪些餐廳消費等等，透過這些外部的大數據分析，也會幫助我們掌握消費者的口味和喜好，多管齊下探討未來的餐飲趨勢。不管是菜色研發、口味調整，或開新店、開品牌，消費者聲音都是重要的參考依據。

總部的市場相關單位平時也會做市場調研，每年舉行策略會議前，他們必須提出餐飲市場的消費趨勢、整體台灣產業趨勢等等，作為未來策略的研判參考。從這些調查中，我們可以看到某一年丼飯類的成長比例很高，或者某一年餐飲市場成長五%，但拉麵類卻異軍突起成長二〇%等現象；也可以觀察餐飲市場的份額中，火鍋、西餐、中餐、異國料理等類別各有多少占比。

以上是純量的調研，我們也會看增量，哪些品項的增幅比較高？比如有幾年是日本的丼飯、拉麵、燒肉一直成長，就可以探討為什麼台灣消費者喜歡日式餐飲？開新品牌時，我們的核心能力能不能從事這類的品項？

調研、趨勢、大數據都是從大方向了解消費者喜好，落實到日常營運，就要掌握每季、每月、每日的顧客滿意度。像夏慕尼創業前，我和團隊會做很詳細的餐飲調研，這些基礎會決定品牌未來三到五年的走向，而平日的營運管理就是傾聽顧客聲音，在過程中隨時做微調。

義塔創業前，我們也做過調研，發現很多民眾對義式餐廳的印象就是「休閒餐廳」，比較不是正餐或特殊節日會考慮的選項。再細究原因，原來大家覺得義式餐廳幾乎都是義大利麵，麵食比較不像主食，沒有主餐類的肉品搭配，少了一點飽足感。於是我們決定讓義大利麵搭配牛排、雞排、鴨胸等排餐，打造「雙主餐」的概念，一開幕果然很受歡迎，因為它不同於一般義式餐廳，而且確實滿足了消費者的需求。

掌握顧客的飲食喜好，做適客化的紀錄是「質化」管理，交給門店同仁做最有效率；總部則是掌握大數據的「量化」管理與後端分析。當總部和營運單位合作無間，質與量都兼顧了，再加上調研與趨勢預測分析，提升顧客滿意度的作為就會不斷精進。

解決顧客建議與預測顧客喜好，不斷提升滿意度的TIPS

一、顧客建議卡是消費者行為的大數據，透過交叉比對，作為優化服務、未來策略的參考。

二、蒐集顧客建議與聲音只是第一步，還需要將處理流程制度化，透過數據分析，精準落實營運改善。

三、訂位資料做客適化紀錄，掌握顧客的用餐喜好，提供貼心服務。

四、多品牌連鎖店的經營模式，透過數據分析探討各品牌目標客群的選擇優先順序，打造符合品牌調性的產品和服務。

第38章 寧願當傻子，也要保住顧客的面子

服務業是心理學，遇到不同的情境見招拆招，沒有標準答案，但是懂得「站在顧客的視角」就對了。像有些餐廳，服務人員為顧客點餐時會彎下腰，甚至半蹲在顧客身旁，用顧客舒服的視角為他服務，從小細節讓顧客感覺舒服，就是一種貼心。

尤其是餐飲服務，除了提供好吃的餐點，也要服務顧客的「心情」。

有一次我在夏慕尼的門店用餐，才坐下就聽到隔壁的顧客和師傅說：「我認識你們老闆耶，楊總我很熟啊！有沒有打折？」同仁聽到後，立刻轉頭瞄我一眼，我馬上把頭低下來，用一個叉的手勢擋著臉，暗示他們不要戳破，然後東西收一收迅速離開現場。其實，我根本不認識那位客人，後來才知道他是朋友的朋友，但有時候顧客就是想要一種被禮遇的尊榮感，這時候戳破，會讓他很沒面子，滿足一下他的尊榮感又何妨？

尤其是第一線的同仁，更要懂得站在顧客的角度，即使是客人鬧了笑話也要沉著應對，我也常佩服他們的智慧。例如夏慕尼早期有一道開胃菜「芒果晶球水果沙沙」，看起來像顆蛋黃，

其實是芒果汁製成的分子料理，一口含下，芒果晶球就會噗滋一聲在口中爆開。曾經有位顧客帶媽媽來慶生，媽媽看到這道菜就說：「唉呀，我不吃生蛋啦！」師傅正想解釋時，顧客就說：「媽，你怎麼這麼俗！這是鐵板燒耶，等一下師傅會幫你煎一煎，不用擔心啦！」

師傅一聽當場愣住，不好意思戳破，又覺得好笑。後來他也很有智慧，若無其事地和顧客說：「我來介紹一下這道菜，它是用芒果汁做的，建議你們一口把湯匙含在口中，感受分子料理的口感。」還好同仁當下能穩住，而且站在顧客的角度，沒有當場糾正，因為顧客偶爾就是想要炫耀一下他對高級料理的知識，既然他們是開心來吃飯，何必讓他尷尬？

站在顧客的角度，簡單來說，就是顧客喜歡什麼，我們就做什麼。我曾接過一通顧客抱怨，顧客和小朋友一起來用餐，同仁看到就說：「您帶孫子來吃飯嗎？孫子好可愛喔！」顧客當場沒說什麼，但他那天吃得一點都不開心，回家之後抱怨信就來了。原來，他們是父子，卻被同仁誤認成祖孫，顧客很生氣地說：「怎麼樣！我不可以晚婚嗎？你們居然說我兒子是我孫子，也太不會看人了！」還有一次女性顧客問廁所在哪裡，同仁指了男廁的方向，也不小心弄巧成拙冒犯顧客。後來我們就教育同仁，如果不確定顧客的年齡，或者打扮不容易辨識性別，稱呼「貴賓」、或是同時告知男廁女廁的位置即可，要照顧到顧客的感受。

我也和同仁分享我的親身經歷。有一次我到台中高鐵站搭車，看時間還早，就在便利商店買了一杯咖啡，邊等邊運動，後來聽到店員大叫：「阿姨，你的咖啡好了！」我心想，應該不是叫我吧？於是沒有理他。後來店員居然對著我招手，「阿姨，你的咖啡好了！」什麼！他居然叫我阿姨！

我拿了咖啡，到處找玻璃確認自己到底哪裡不對勁？是髮型，還是衣服？真的有這麼老氣嗎？就這樣東張西望走到月台，心想奇怪了，怎麼沒有九點三十九分的車了？一問才發現，死定了！我要北上，竟然走到南下月台！高鐵當然已經開走了。

後來我就告訴同仁，「你們看！只是被叫一聲阿姨，就讓我心情這麼差，上錯月台損失慘重，而且那件衣服從此再也不穿！」所以做服務業，讚美很重要，要有同理心，把顧客稱呼年輕一點，他心情好，這頓飯就吃得很開心，叫錯一句，他可能會耿耿於懷很久。

雖然王品是做西餐起家，但中餐有很多服務眉角很值得我們學習。尤其是中餐的點餐員，多是年紀稍長的大姐，我很喜歡他們會主動幫顧客配菜，像是「你們沒有點海鮮，要不要嘗嘗看海鮮？」「你們肉點滿多的，要不要點青菜？」甚至會提醒顧客，「分量夠了，先這樣就好。」這種服務就是站在顧客的角度，為你設想菜色怎麼搭配最豐富，分量多少吃得最滿意，幫顧客解決不便，甚至幫顧客省錢。

就像去傳統市場買菜，那些老闆都很會做生意，絕對是稱呼妹妹、美女，一定不會把人叫老，還會多送蔥薑蒜，甚至告訴你怎麼煮最好吃。這就是我們常說的面笑嘴甜、慷慨主義，所以我都會鼓勵同仁多去傳統市場走走看看，因為真正的高手在民間。

至於服務顧客的心理學，要怎麼教育同仁呢？我通常會用案例分享，尤其是透過會議將顧客讚美和抱怨的案例分享給同仁，也會請門店分享他們近期遇到的特殊案例，以及請門店的服務達人分享如何創造顧客讚美，讓同仁彼此學習，站在第一線的他們通常會很有感覺。

例如有一封令我印象深刻的顧客讚美信，有位顧客和她的母親是我們某個品牌的常客，有一次同仁看到顧客自己來用餐，就問道：「好久沒有看到媽媽，她怎麼沒有一起來？」原來，顧客的母親重病住院，本來想帶她來慶生，但是又擔心她的身體狀況。於是主管就在某個平日，門店比較不忙的時候，特地準備餐點到醫院探視，為她媽媽慶生，顧客的母親非常感動，於是寫了讚美信，我們才知道門店有這樣溫馨的故事。

包括我們提倡的「慷慨主義」，甚至知道老顧客喜歡吃什麼、喜歡坐哪個位子，都是希望讓顧客備受重視。其實大家也曾擔心慷慨主義會不會讓門店增加成本，也有人說，門店主管的權限應該要設一個金額比例，才不會慷慨到無限上綱，但究竟要設多少，大家一時也拿不定主意。於是我就說，不要馬上決定，先實施一段時間，觀察幾個月再說。

結果後來統計出來，各門店的慷慨招待都沒有超過一%，原來發生異常的比例遠比我們想像的還低，可見特殊的顧客真的不多，而且哪有門店主管不希望門店賺錢，他們自然會拿捏，不會慷慨到傷筋動骨，於是最後就決定不設限額。甚至，我作為主管，還會「拜託」店主管記得把這筆錢用掉，因為我怕他們一忙起來，就忘了對顧客慷慨。

因為這些案例，我更相信**只要價值觀正確，加上平時的宣導，讓服務的特質深入同仁的DNA，他們自然會站在顧客的角度，為顧客解決不便，面對顧客的問題也比較容易迎刃而解。**

滿意度取決於用心、用愛

手禾日麗開幕前，我們邀請吳念真導演來試菜，他吃完說了一句：「心若歡喜，菜就好吃。」我一直很喜歡這句話，師傅們用心、用愛烹調餐點，顧客用歡喜心品嘗餐點，有這一念心，家常飯菜就是山珍海味。

我也認為，顧客滿意度不在於我們的裝潢多華麗，或者食材多高級，滿意度和成本不完全是正相關。就像手禾日麗的台式家常菜，一道道的「手路菜」都是師傅用心、用愛烹調出來的家常味，把農夫的心意、大家的兒時回憶藏在菜裡，其實顧客一吃都感受得到，這家餐廳用不用心，顧客都看在眼裡。

就像夏慕尼剛開幕時，消費者不認識我們，有一段時間顧客真的不多。某個平日的中午，我打給店長問：「今天有沒有人訂位？」店長說：「沒有耶，訂位掛零。」下午一點多我又問了一次，店長說還是沒有客人，連過路客也沒有。我一聽就說：「業績不可以掛鴨蛋，我出錢請同仁吃！」剛開始，我每天都在糾結，為什麼業績這麼慘澹？為什麼我和團隊這麼認真，來客數卻這麼少？

那段時間，我常在門店陪著同仁，有好幾次的中午都看見一位顧客，點完餐就打開報紙，一邊用餐一邊看報。我們猜他應該是附近公司的老闆或主管，私底下都稱他「報紙先生」，而且他一周至少來四天，每次看到他，同仁就說：「報紙先生又來了！」

後來我決定去桌訪報紙先生。原來他就在我們對面工作，他說：「有時候部屬不太喜歡和上司一起吃飯，我覺得這樣也滿安靜的。」我就問他覺得夏慕尼的餐點怎麼樣？怎麼用餐頻率這麼高？不會吃膩？他說：「你們的餐點很好吃，而且我覺得你們很用心。我很喜歡吃鐵板燒，你們的價位真的很便宜！」

聽他這麼一說，我就坦白地說：「可是我們生意一直沒有很好耶。」沒想到報紙先生說：「那是因為你們現在還不紅，沒人知道你們開在這裡。等你們紅了，我猜我就很難訂到位子，沒辦法像現在安靜享受美食了，所以我要趁現在多吃一點！」

聽他這樣說，我真的太開心了，居然有這麼喜歡我們餐點的顧客，而且他讓我確信我們的產品、服務和價位是沒有問題的。真的是這位報紙先生給我力量，原來我們的用心有人看見，我也相信我們可以做得更好，只要持續努力，應該會得到消費者的肯定。

也因為報紙先生的一番話，我開始思考怎麼樣讓消費者認識我們，知道這裡有一家夏慕尼新香榭鉄板燒，才開始一連串「尋找十月壽星」的行銷活動，接著和藝文團體、偶像劇異業合作，打造一波波的曝光機會。後來開幕一年多之後，來客數和營收果然就穩定增加，大家再也不用擔心業績，只要專心顧好品質。

所以餐飲服務，一切都是以顧客為中心，**滿意度不是用高成本堆出來，而是用心、用愛打造出來。**站在顧客的角度，讓他吃得愉快滿意，也照顧他的情緒感受，只有創造好口碑，才能期待營收長長久久。

解決顧客抱怨，用心、用愛打造滿意度的TIPS

一、服務顧客是心理學，站在顧客的角度，滿足他的需求，照顧他的心情感受。
二、透過顧客抱怨和讚美的案例分享，傳承實務經驗，將服務特質深植同仁的DNA。
三、透過慷慨主義，讓顧客吃得滿意，願意回籠，傳頌好口碑。
四、顧客滿意度和成本不完全成正比，更需要用心、用愛打造。

第39章 熱愛自家產品，成為產品的第一個揪錯者

「你多久吃一次自己的產品？」

這是我經常問主管的一句話。做餐飲服務，當然希望把自己喜愛的餐點提供給顧客，如果自己都不愛，怎麼可能期待別人喜歡？我相信唯有熱愛，才能創造不凡的火花，如果你打從心底喜歡自己的產品，才會有把好產品分享給顧客的熱情。

夏慕尼創業時，我每周至少都會在門店用餐一次，有時候甚至連續兩天都去吃，直到半年左右營運穩定了，才改成每個月至少吃一次。遇到每季或每半年推新菜的時期，我又會調整頻率，每周都去用餐。

為什麼要吃得這麼頻繁？因為擔任事業處主管，我認為我應該要對自己品牌的產品非常熟悉，因為我最清楚品牌精神和調性，而且親自參與研發，應該要掌握餐點的口味和水準。所以我一定要時常扮演消費者的角色，常常吃自己的產品，才能確實了解餐點品質，確定研發時設定的口味和服務沒有跑掉。新菜推出後，也要檢視在門店量產時有沒有達到研發的水準，趁機

觀察顧客對新菜的反應。

而且我去門店用餐，通常不會特地安排或事先通知，有時候走進去剛好有空位，我就會坐下來吃。因為我不希望同仁看到是主管來用餐，就給我特別待遇，把餐點格外用心做、餐具特別挑過或服務特別好，這些通通不需要，而是要讓他們養成習慣，盡量把我當成一般顧客，正常出餐，因為我認為最平實的互動最經得起考驗。

不過我也知道，有些同仁看到我就是會緊張，還曾經鬧出笑話。有一位鐵板師傅本來在和顧客互動，有說有笑，看到我坐下來，他就開始結巴，應對支支吾吾，連顧客都覺得他不對勁，我當然也感受到他的壓力，只好先站起來，到外面走幾圈再回來。

成為產品的第一個揪錯者

管理連鎖多店時，我會輪流到不同門店用餐，也曾因此發現產品品質的問題。當時我到某家門店用餐，發現洋蔥湯口感缺乏層次，似乎少了一味，感覺沒有當初研發的那股香氣，但這道湯品已經推出一段時間，並不是新菜。雖然烹調不是我的專業，但我的舌頭告訴我這道湯有問題，於是用完餐後立刻打給研發主管，「我覺得這家店的湯有點奇怪，能不能請你把統計數據調出來，確認一下湯品的滿意度？」

隔天，研發主廚也到那家店直接確認，這才發現，原來門店同仁少加了一味，漏了一道工序，難怪少了一個香氣和口感。因為門店的製作流程是量產，站在湯區的同仁可能連續三個月都負責做同一道湯，或許他覺得自己每天調湯很熟悉了，就沒有一一確認SOC，沒想到少加一樣材料，餐點品質就打了折扣，又剛好被主管吃出來！

當時研發主廚就說：「你的舌頭也太厲害了吧！」我說我只是和消費者一樣品嘗，只是因為我參與研發，很了解每道菜的口味，而且我熱愛自己的產品，香氣、口感、味道和層次感都會一一確認，有時候就會「不小心」品檢出有問題的餐點。

多吃多問，投資自己的舌頭

也有人好奇，我是會計師出身，從財務幕僚直接跳去品牌創業，我的味蕾是怎麼訓練出來的？其實剛開始創業時我也很擔心，我又不是道地的餐飲專業背景，舌頭沒那麼「利」怎麼辦？那就勤能補拙吧！

多吃，多問，多學，跟在前輩與專業廚師身邊，一邊吃一邊問。他們會教我料理端上桌先聞香氣，欣賞它的擺盤，再細細品嘗味道，感受食材的鮮度、口感，還有吞下去的喉韻，一邊思考為什麼食材要這樣搭配，什麼樣的調味才能襯托食材，總之就是打開五感，用心感受，拚命學習。

就因為知道自己的不足，我更願意花錢投資自己的眼光和舌頭。創業前後我時常帶著團隊國內外到處吃，尤其是吃比我們更高價位的餐廳，一邊吃一邊思考，要怎麼用一千元的餐點呈現兩、三千元的質感，透過國內外的觀摩打開視野，貪心地把這些知識吸收進來。

所以，選擇做鐵板燒的那一年，我就吃了一百多次的鐵板燒，甚至吃到一副「鐵板臉」。等到義塔創業的那段時間，我又一直吃義大利麵和披薩，就是為了研究要用什麼樣的披薩粉？怎麼發酵？還有薄皮、厚皮的口感、餅皮的保水度和甦醒度。

剛好我的個性就是喜歡做功課、找方法，像剛開始跑馬拉松時，我也會上網蒐集別人的經驗，怎麼暖身、怎麼間歇跑、要怎麼收操才能避免受傷。每學一樣新事物，我都會投入很多時間研究，從專業人士身上學習，願意花錢、花時間投資自己，就這樣，味蕾也就在過程中越磨越利。

後來接執行長時，剛好有一個日本料理事業處的主管出缺。當時我們晉升一位經驗豐富的同仁來接任，他告訴我：「我以前是做西餐的，雖然也會吃日本料理，但是沒有很厲害耶！」我聽得出來，他對這個新工作還缺乏一些自信，於是我也將自己的經驗和他分享：「你做餐飲這麼多年，對產品和高端的料理服務都有一定的水準，我相信你可以接任這個品牌的主管。但是從現在開始三個月，你要不停地吃日本料理，投資你的舌頭，吃多了就會對日本料理越來越透徹，以後才能提供好的產品給消費者。」

後來他真的認真吃了三個月，對日本料理的品類和眉角越來越熟悉，所以我相信，只要肯下功夫，一定有進步的潛力。唯有了解產品、熱愛產品，才能有自信地端到顧客面前；不熟悉的產品，或者自己也沒那麼喜歡的產品，就算做了也不會成為頂尖。

但也別忘了，從事餐飲業，我們的產品和服務都是「以顧客為師」。如果吃到某一道菜覺得不夠好，我也不會當場就下結論，而是先請同仁確認這道菜的顧客滿意度。如果顧客滿意度確實欠佳，我就會提供建議，讓同仁去調整改善；但如果顧客滿意度很高，就算不是那麼合我的口味，我也會閉上嘴巴，因為我個人的口味不是重點，顧客滿意度才是我們最重視的指標。

解決產品的不完美，用大量嘗試做出好產品的TIPS

一、唯有熱愛才能創造不凡，喜歡自己的產品，就會有分享給顧客的動力。
二、時常扮演消費者用餐，確認餐點與服務品質，在日常營運中發現問題。
三、除了參與菜色研發，也透過不定期的用餐品嘗進行品質控管。
四、多吃多學，投資自己的舌頭，提升餐點水準，也拓展經營品項。
五、餐飲服務要「以客為師」，追求顧客滿意度，不以個人的飲食喜好做判斷。

第40章 面笑嘴甜腰軟手腳快目色利，打造完美服務的DNA

剛加入餐飲業的時候，親朋好友都罵我，「好好的會計師不當，跑去做什麼餐飲業？」因為當時大家對餐飲業的印象還停留在學歷不高的勞力活。但這二十年來，時代環境都改變了，餐飲業越來越被看見，越來越多人知道餐飲從業人員是一門多麼值得尊重的專業。

王品人常說，「面笑嘴甜腰軟手腳快目色利」，就是服務業的DNA，這句話要用台語念，而且越念越順口！

面笑，道理很簡單，顧客開心來用餐，誰喜歡看一個沒有笑容的人幫他服務？所以如果看到同仁心情不好，沒有笑容，我都會建議主管把他排在吧檯，盡量不要面對顧客。

不過要求同仁保持笑容，也曾經鬧過笑話。曾有顧客抱怨，「我在櫃檯買單不小心跌倒，你們的櫃檯人員和主管都有來扶我，但是有一位服務人員經過的時候居然還對我笑！」我心想，怎麼會有這種顧客抱怨？趕緊問店長到底發生什麼事。原來，他是新進同仁，時常被主管叮嚀笑容不夠，主管要求他看到顧客要「微笑致意」，當他經過跌倒的顧客身邊，兩人剛好四目相交，於是他馬上微笑致意，其實同仁也沒有錯，只是後續要教育他微笑的「時機」也很重要！

至於嘴甜，是應對得體，說該說的話，讓顧客感覺愉悅；腰軟，是放下身段服務，例如用顧客舒服的高度為他點餐；手腳快，是用最快的速度讓顧客品嘗最新鮮的料理，盡量不讓顧客等待；目色利，是要有觀察力，甚至在顧客還沒反應時，就觀察到他的需求，提前幫他解決。

教育訓練時，我們就曾請同仁演練：看到顧客東張西望，你覺得他可能要做什麼？等人、點餐、刀叉掉了、要加水、找廁所，我們以為同仁能想出七、八個理由就不錯了，沒想到大家居然想到二十幾種可能。這樣的模擬就是訓練同仁察言觀色，迅速了解顧客的需求，解決顧客的問題。

我也曾看過，顧客一家四口走進餐廳，領檯的同仁引導他們走到位席，結果同仁一個人在前頭走得超快，把顧客落在後頭。我們就會機會教育他，要目色利，要有敏感度，尤其是遇到年紀大的長輩，腳步就要記得放慢，這種不讓人察覺的貼心也是一種專業。

安排工作站時，我們也會考量同仁的人格特質。如果是負責大廳，最好喜歡和人相處，再加上一顆熱忱的心，尤其現在很多人習慣面對電腦工作，遇到人就開始緊張，說話支支吾吾、不知所措，甚至覺得煩躁，這種人格特質可能就比較適合安排在內場，但是如果他不排斥接觸人群，容易緊張的個性通常久了還是會改善。我就曾遇過同仁超級有服務特質，面對顧客非常會應對，顧客也很喜歡他，但一下了班，坐在休息室又可以一句話也不說，我就說他真是天生的服務業！

面笑嘴甜腰軟手腳快目色利，也會根據不同品牌的調性稍微調整。像西堤是強調「歡樂美味」，品牌形象比較陽光活潑，同仁就可以大方展現笑容，牙齒露比較多沒關係；王品則是講求「尊貴服務」，我們就會希望同仁的笑容含蓄，動作優雅，包括制服也會根據品牌調性設計，從笑容、舉止、制服維持一貫的調性，讓顧客的視覺體驗是一致的，才能打造完整的氛圍體驗。

追求顧客滿意度是服務業的天職

既然顧客是我們的老闆，追求顧客滿意就是服務業的天職，包括以客為尊、對顧客慷慨、不占顧客便宜、為顧客把關食品安全等觀念，都需要一再宣導。為了打造滿意的顧客體驗，在工作流程上也必須導入相應的設計。

例如比較高端、有收取服務費的品牌，門店通常都會設置一位接待員。他的工作就是了解顧客需求，確認餐點、服務和氛圍有滿足顧客，如果是慶生、求婚、升官、迎新送舊的場合，接待員也會事先了解顧客的需求，協助做特殊安排。

至於平時的營運，則是由同仁進行桌訪、和顧客換名片，透過簡短的訪談了解顧客當天的用餐狀況。顧客建議卡也是逐日檢討，尤其會填顧客建議卡的消費者，通常都是有意見要反應，例如湯的口味太鹹、某道主餐他不喜歡、送餐速度太慢，這些意見都是我們改善的依據，尤其是滿意度低於平均值的，就會特別檢討改善。

當天營業結束後，這些意見就會被蒐集起來，隔天的接待員或值班就會根據顧客意見對同仁宣導，例如顧客反應送餐太慢，流暢度請多注意；顧客反應湯頭太鹹，請主廚和值班試吃的時候注意一下。可以現場改善的部分我們都會要求立即改善，所以午餐時段的顧客意見，就會在晚餐營業前向同仁宣導提醒。如果顧客反應用餐很不滿意、不愉快等情節比較嚴重的狀況，門店主管在當天或最晚次日也必須電訪，詢問具體的細節，向顧客致意。

至於最重要的餐點，也就是我們的產品，也是以顧客為出發點。如果某道菜一整周的滿意度都不佳，而且和其他門店交叉比對確實有異常的話，就會向上回報，並請研發主廚到門店確認烹調流程。如果滿意度顯示某一道菜顧客特別喜歡，或某道菜一直乏人問津，也會作為未來研發菜色或營運調整的依據。畢竟做餐廳，「餐」字擺在前面，餐點不好吃，裝潢、服務再好也是枉然。

有了美味的產品、細心的服務和舒服的氛圍，我們也希望讓顧客享受歡樂的用餐體驗，包括改編生日快樂歌、請魔術師幫同仁上課、學摺汽球，都是希望帶給顧客驚喜，讓他們留下一個難忘的回憶。這些創意與嘗試都是為了提升顧客滿意度，為每一位遠道而來用餐的貴賓創造一道美好的風景。

解決不適合的服務特質，把最好的態度端到顧客面前的TIPS

一、「面笑嘴甜腰軟手腳快目色利」是服務業的DNA，有笑容是從事餐飲服務的第一要件。

二、透過情境模擬，培養同仁的觀察力，及早發現顧客問題、滿足需求。

三、根據品牌調性打造氛圍體驗，根據人格特質安排工作職責。

四、透過接待員、桌訪與顧客建議卡，傾聽顧客聲音，作為營運決策的參考。

第41章 預防客訴勝過補救客訴，把抱怨變成朋友

追求顧客滿意度是服務業的天職，但顧客千百種，總是會遇到不滿意甚至客訴。處理得好，顧客就會願意再回來用餐，甚至會成為餐廳的忠實消費者；如果處理不好，除了永遠失去一位客人，還可能損傷品牌形象，所以如何處理客訴確實是一門大學問。

奧客其實只有〇．〇〇一%

曾經在夏慕尼的某間門店，有位顧客抱怨沙拉裡居然出現人的「指甲」，同仁一聽，趕緊把沙拉端回去廚房請主廚確認。過了一會，主廚端著沙拉出來向客人解釋：「這個不是指甲，是柚子，我們有在沙拉裡加一點柚子。」但顧客堅信他看到的東西就是指甲，認為主廚現在拿出來的沙拉一定是偷換過的，而且後來幾乎到了歇斯底里的程度，指著同仁說：「你們說沒換，那你們發誓啊！你們送餐的人，還有你這個主廚，全都給我發誓啊！」

拗不過顧客的要求，同仁當下也確實發誓他們絕對沒有更換，但顧客卻還是繼續咆哮：「你們真沒良心，連這種誓也敢發！你們會遭天打雷劈！」

後來，店長哭得唏哩嘩啦打給我，他們覺得很委屈，不管怎麼解釋顧客都不接受，他不知道該怎麼辦。聽完事情的原委，我說：「你們不要難過，這個客人我不要了，不用跟他收錢，直接讓他離開。」

居然不相信我的同仁，還要他們發誓？這樣太不理性了！我告訴店長：「顧客就是顧客，我們不能對顧客口出惡言，我們只要表達清楚，如果他真的不相信我們，今天的餐點就不收費。但是你們絕對不應該接受這樣的對待，我知道你們委屈了，我相信你們。」事後我也請店長主廚一定要安慰同仁，要告訴夥伴主管們很相信他們，很捨不得他們受委屈，該做的處理我們都做了，這樣就夠了。

從事餐飲二十多年，這樣的顧客真的不多，但偶爾遇到一個都是椎心的痛。碰到這種事情時，我一方面也擔心同仁心裡會留下陰影，所以事後我也和同仁分享：「你在這裡做了快十年，這樣的客人你碰過幾次？」他們都說是第一次。「是呀，這麼久才碰過一次，請你們相信九九．九九九％的顧客都是善良的。」我希望團隊不要因為一次的事件就受影響，讓他們害怕顧客，留下顧客難搞的印象。

處理客訴雖然要盡力滿足顧客需求，但我認為必須同時照顧同仁。他們願意從事餐飲服務業，彎下腰服務顧客，那樣的身影時常都讓我很感動，也很感謝。所以只要同仁在工作上受委屈，我都希望讓他們知道主管和他們站在同一陣線，這樣他們在第一線和顧客互動時，就會覺得心裡有依靠，也可以把客訴處理得更加圓滿。

客訴的類型與處理的機制

客訴可以分成幾種類型。第一種顧客在「現場」就表達不滿，例如湯不夠熱、牛排太熟、位席安排不滿意，這種狀況現場同仁就可以立即處理。第二種是顧客現場沒有反應，但他寫在建議卡上，我們只能等到營業結束，看到數據統計才發現問題並盡快補救。第三種是顧客回去寫顧客信箱或打〇八〇〇專線，店主管也必須在三日內致電了解處理，就算不是客訴，只是簡單的建議，我們也會致信或致電感謝。

不過，還有一種客訴，而且是我認為最糟糕的狀況，是顧客根本不反應，他會直接把餐廳從用餐名單中刪除，永遠不再光顧。而且有些問題如果顧客不反應，營運單位也不容易發現，又會讓下一位客人遇到。這是我們極力避免的狀況，所以只要發現問題，能補救的就要盡量補救，當然最好是培育同仁一開始就把事情做對，才能減少這種最糟的狀況發生。

為了降低顧客不滿意的比例，「預防」絕對勝於「補救」，所以門店都會配置接待員、區域負責

客訴類型
1
顧客在現場就表達不滿
•例如：湯不夠熱、牛排太熟、位席安排不滿意……等
•由現場同仁立即處理
2
顧客現場沒反應，而是寫在建議卡上
•營業結束後才能發現問題，並盡快補救
3
顧客回去後才透過意見信箱或 0800 專線反應
•店主管須在三日內致電了解處理
•即使不是客訴，只是建議，也要致信或致電感謝
4
BYE
顧客完全不反應，永遠不再光顧
•極力避免此種狀況，一發現問題就盡量補救
•培育同仁一開始就把事情做對，減少這種最糟狀況發生

圖 5.1　客訴的類型（製圖／趙胤丞）

人，像夏慕尼的每張鐵板檯都有專屬的負責人。如果這個區域出現客訴，就會是該名同仁的責任，所以同仁們會提高敏感度，用心服務自己的當責區域。我認為只要同仁各司其職，每個螺絲都確實發揮功能，就比較容易化解顧客的不滿，預防客訴出現。

當我們接到客訴，也會依情節分等級處理，並且決定向上通報的層級。當我擔任事業處主管時，一般客訴會由店主管和客服單位處理，但如果情節重大，或者同仁處理過，顧客依然不滿意，則會視情節由區經理或我親自處理，包括一些很棒的顧客建議，對提升服務品質很有幫助，我也會視狀況抽樣親自寫卡片致謝。

問題最大的客訴，通常是那種顧客超級生氣的抱怨，有的是寫長長的抱怨信，有的是直接打電話來痛罵。雖然這種機率非常非常小，一個月可能不到一通，但這種客訴通常都是我們真的做得不好，或者品質出了重大瑕疵。而且我都會告訴同仁：「有一通這麼嚴重的顧客抱怨，代表有九通沒有反應出來！」所以遇到這種客訴，我們一定特別在乎，店主管也會繃緊神經加強營運管理。

嫌貨才是買貨人，讓抱怨的顧客變成好朋友

有時候，認知不同衍伸的誤會也會引起客訴。例如有一次顧客訂了包廂的位席，但是他和同仁對於包廂的認知不同，到現場才發現同仁安排的包廂位子不是他想要的包廂。當時顧客指定改坐另一區，偏偏那裡還有人在用餐，於是顧客就很生氣地要求同仁把那一區的顧客趕走，不然他們二十多人就不用餐了。當然，同仁不可能這麼做，只能馬上道歉，好說歹說才讓顧客坐下來用餐。

結帳時，店長說要打九折招待致歉，顧客就很不高興地說：「太沒誠意了吧！我們本來就有打九折！」店長立刻說：「是我的認知錯誤，沒有幫您安排到滿意的位子。這樣吧，我幫你們打七折，剩下兩折我自己出！」顧客看店長很有誠意，最後也就接受了，沒想到他事後送了一個紅包，把那兩折的金額又包給店長。我覺得店長ＥＱ高且處理得很好，因為他的阿莎力，化解顧客的怒氣，才讓我們留住一群客人。

我也曾經處理過一個夏慕尼的顧客抱怨，而且後來還和對方成為很好的朋友。那是發生在

高雄的某家門店，有位醫生很喜歡我們的鐵板燒，有天他帶父母來用餐，同仁將位席安排在二樓，對七、八十歲的長輩有些不便，但是對方當下沒說什麼。

等到買單時，他就告訴同仁，他很喜歡夏慕尼，所以他想提供幾點建議。「第一，你們做服務業要有敏感度。看到年長的顧客，應該主動幫他安排在一樓，盡量不要讓他們爬樓梯。第二，菜單的字太小了，長輩看不清楚，建議字體可以加大。第三，菜單如果有相片對照，對長輩會更好選擇。」

這則顧客建議，不是抱怨餐點不好吃或服務不好，而且老實說，他建議的都是「小細節」，所以沒有被同仁列在優先處理的事項。沒想到，這次的「顧客建議」，後來居然演變成「顧客抱怨」！

原來，顧客覺得櫃檯同仁當下的回應有點敷衍，聽了兩三句話之後眼神就飄開，他覺得他這麼真心誠意地建議，是因為喜歡這個品牌，但同仁似乎沒有把他的建議事項當回事，所以感受很不好。於是回去後他寫了客服信箱，店長和區經理收到後就著手處理，但他覺得這些主管的態度與積極度不是很好，他的建議沒有得到相對的回饋，於是他很生氣地再度來信，客訴同仁的態度和教育訓練有問題。

就這樣，小問題越滾越大，於是我決定親自處理。其實服務業，很多事情都是「感受」問題，感受不好，顧客心裡就是不舒服，這件客訴也是。所以，**我們首先要展現的就是態度，讓顧客相信我們是真心誠意，願意敞開心胸接受指教，並且告訴他，做得不好的地方我們預計如**

何改善？至於無法立即改善的，也請他給我們一些時間探討。

我告訴他，我們會為長輩準備老花眼鏡，同時設計另一個字體加大版本的菜單，再附上餐點的圖片。同時我也解釋，原來的菜單還是會存在，因為我們也要考慮美學的問題。至於座位安排的部分，我們會持續向同仁宣導，讓未來的位席安排更貼心、更有敏感度。透過這些說明，讓顧客知道我們會著手改善，下次他來用餐時，也發現真的有兩個版本的菜單，他很開心我們有把建議聽進去。

直接互動後，我發現這位醫生其實是很棒的顧客。他建議的內容都是很細膩的地方，敏感度很高，是滿足消費心理學很好的案例；而且他真的很喜歡我們，也真心希望我們變好。我相信，顧客願意花時間在我們身上，用餐回家後還特地寫信、打電話的顧客，其實是真心愛護我們，應該要很感恩他們。

所以我告訴同仁：「現在我們是負一分，如果我們願意真心誠意改善、盡力去彌補顧客，最後就不會還是負一分，顧客可能會加好幾分給我們，甚至幫品牌宣傳好口碑。」果然，這位醫生後來成為夏慕尼的鐵粉顧客，時常帶他的家人、朋友甚至醫師公會的朋友來用餐，當然他還是持續提出建議，成為最了解我們，也最愛護我們的品質檢驗者。

解決客訴與抱怨，一開始就把事情做對的TIPS

一、預防勝於補救，一開始就把事情做對，才能降低客訴比例。
二、顧客抱怨依情節分等級，以最快的速度確實補救。
三、極為嚴重的顧客抱怨，可能代表問題累積已久，必須嚴肅面對，加強營運管理。
四、照顧顧客的「感受」，真心誠意道歉解決，扭轉負面形象，同時也針對對方的抱怨事項，提出具體的改善方案。
五、處理客訴時，也要照顧同仁的感受，主管要做團隊的後盾，不讓同仁留下顧客可能是奧客的價值觀。

Part VI

危機問題，我這樣解決

第42章

日常庶務不可輕忽，為犯下的專業失誤公開道歉

剛進王品的時候，其實我內心有著專業的驕傲，一直覺得自己是知名會計師事務所出身，看過那麼多產業、那麼多大企業，餐飲業財務部的工作對我來說根本簡單到不行。沒想到第一年，我就犯下一個嚴重錯誤。

財務部每年都要幫公司申報營利事業所得稅，通常我們會在前一年度的九月先繳上半年的稅額，也就是暫繳稅額，等到隔年五月正式報稅時，再核算完整的稅額，扣除預繳的金額，多退少補。

沒想到，進公司第一年五月報稅時，財務同仁忘了扣除暫繳稅額，我也沒有注意到，後來做帳時才發現，完蛋了！居然沒扣除暫繳稅款，而多繳了幾百萬！雖然可以向政府申請退還溢繳的款項，但這種程序通常都是曠日廢時。

發現這個失誤時，我真的覺得好羞愧，只好硬著頭皮到中常會報告，「今天我有一件重要的事情向大家報告。很不好意思，因為報稅時忘了把暫繳稅額扣除，導致公司多繳了稅，這筆錢

我會向政府要回來，因此損失的利息我會負責，真的很抱歉！」

話一說完，中常會的成員沒人說話，你看我，我看你，戴先生這才說：「其實你沒有講，我們也不知道，財務專業的東西，我們又不熟！」我又說：「真的很抱歉，這是財務人員最基本的常識，我居然犯了這種錯誤，我一定會負責！」戴先生好心安撫我說：「沒有人說這樣就要賠啦！主動認錯不就夠了嗎？」

雖然這個失誤真的太丟臉，但我也發現，因為這次主動坦承錯誤的危機處理，團隊並沒有因此覺得我不專業，甚至讓我獲得團隊更大的信任。就像戴先生說的，如果你不說，私下把事情處理完了，或許真的不會有人知道，但你居然自己揭露錯誤，並且公開道歉，或許這種坦白會讓大家覺得這樣的人更值得信賴。當然，這個危機也給我一次慘痛的教訓，讓我把會計師的驕傲收起來，從此告訴自己，即使是處理過一百遍，再基礎、再簡單的行政作業，絕對都要謹慎面對。

都怪我記性太好

另一個慘痛的教訓，也發生在我剛進公司時。當時公司走多角化經營，除了王品台塑牛排，還有大非洲野生動物園、金氏世界紀錄博物館等事業，所以我們常會在高速公路設置T霸招牌廣告。

過年前，財務部同仁拿來一張申請T霸招牌的對帳清單，上面金額寫著「拾貳萬」。我一看就說：「不對啦！T霸招牌的租金應該是貳拾萬吧？是降價了嗎？」同仁說：「沒變啊，合約上寫拾貳萬呀！」我馬上說：「不可能！我每天在看報表，怎麼可能會記錯，去年每個月的報表就是貳拾萬，不然你們去把去年的請款對帳單調出來！」

這下子，經辦同仁馬上哭喪著臉跑來，合約上租金是「拾貳萬」！但去年請款的對帳單上，卻是申請每期「貳拾萬」，而且開立的支票也是「貳拾萬」！原來那紙合約和一般合約長得不一樣，一般合約都是直式的，那紙合約卻是橫式的，而且金額的寫法也不同，導致同仁誤把「拾貳」看成「貳拾」，而且那紙合約就附在請款單後面，上面簽了六個人的名字，居然沒有一個人發現，包括我！

當時正要談新年度的合約，其實可以請對方把那每期溢付的八萬，扣在今年的費用就好。偏偏，當時公司決定轉型聚焦，我們只會再租幾個月的招牌而已，這下真的尷尬了，我要怎麼跟對方開口？我只好先安慰同仁趕快把事情解決，其實我心裡也是七上八下，不知道每期溢付的這些金額能不能要回來？

幾經盤算之後，我決定先打給廠商。「房東太太，不好意思，我發現去年的支票開錯金額，每張支票多開八萬元，虧錢虧大了！我還沒有跟上級說，你能不能把錢還給我們？」這種失誤太難以啟齒，只好先用哀兵政策博取同情，而且我不好意思說我是財務長，只跟她說我是經辦的會計。

房東太太聽了就說：「你們發現囉？」原來她早就知道，而且她聽到我還沒告訴老闆，居然說：「你們過了一年都沒發現，上面也沒發現，那你不要講、我不要講就好啦！不然我分你一點啦！」

什麼！不還錢給我，還要分我，豈不是要我汙公司的錢！我一聽就很生氣，義正辭嚴地告訴她：「房東太太，妳難道會想請一個會汙你錢、偷做假帳的會計嗎？」沒想到她竟然說：「我才沒那麼衰，請到像你這種會『了錢』（台語）的會計！」這句話對我來說有如五雷轟頂，瞬間把我身為會計師的專業和尊嚴擊個粉碎，直到現在，二十多年過去，還是記憶猶新，因為那句話真的讓我受傷很深。

當時，我一心只想把錢要回來，索性帶著同仁到她家拜訪，但是她不讓我們進門。我們只好在她家門口從下午站到晚上，我跟同仁說：「這筆錢，我跪也要跪回來！」後來我們終於帶著這筆錢回公司，順利化解危機，當然，我又再一次主動向公司坦承錯誤。

後來同仁就開玩笑地說：「你的腦袋也太清楚了吧！幹嘛記性那麼好！」其實，對公司數字有概念絕對是會計必備的專業，但我卻沒有每一次都仔細確認，親手讓自己的專業大打折扣。房東太太那句話，對當時驕傲的我實為當頭棒喝，把當時心態高高在上的我徹底打醒。從那次之後，我就警惕自己，熟悉才會輕忽，輕忽就會失誤，不要小看這些行政作業，**做每一件事情都要像第一次做那樣在乎，更要為自己的專業失誤，公開向被影響到的對象道歉。**

解決犯下的專業失誤，把危機變轉機的TIPS

一、勇敢面對錯誤，冷靜處理，誠實才是上策。
二、坦白揭露錯誤，真誠道歉，反而贏得諒解與信任。
三、不要為了掩飾錯誤而犯下更多的錯誤。
四、輕忽才會失誤，不要輕視日常作業，再簡單的基礎工作都要謹慎面對。

第43章 山難之際如何穩定軍心，拆解問題達成最終目標

王品人有三個三十，其中一個是一生登三十座百岳。我登山至今已完成百岳，但還是時常和愛爬山的同仁夥伴相互號召，在公司我也幾乎每半年都會號召舉辦登山活動。

記得那一年五月，我號召同仁挑戰縱走，請登山社協助安排五天四夜的能高安東軍，由我帶隊，二女八男，加上前導後導、兩位協作，我又自掏腰包多請一位協作，算是很豪華的登山團。

出發第一天，從登山口走過雲海保線所，住在天池山莊，一路都走得很愉快；第二天天氣也很好，經過光被八表到能高主峰、台灣池，晚上搭帳篷過夜。第三天預計經過能高南峰，大家都知道今天會是整個縱走最硬的一天，而且走過能高南峰，幾乎就不能回頭了。

我們吃完早餐準備上路，協作請我們先走，說他們體力好，很快就會追上來。下午不到四點，我們就抵達當晚住宿的白石池，景色非常美，大家玩得超級開心。只是協作還沒出現，帳篷食物都在他們身上，大家決定先煮水、煮泡麵，墊墊肚子。

六點多，天色漸漸暗下來，遠遠看到亮光，我們以為是協作的頭燈，結果只是水鹿的眼睛，

大家還開玩笑說，協作一定是睡過頭了！直到七點半，我開始有點緊張，跑去問領隊：「協作該不會走錯路，或發生什麼事了吧？」領隊說：「應該不會啦！他們熟門熟路的！」

這時就有人提議，要不要請領隊回頭找找看？可是這麼晚了，要讓領隊回頭找多遠？萬一發生意外怎麼辦？我糾結了一下，決定大家留在原地一起等。雖然當下同仁的情緒還算穩定，但我知道如果協作再不出現，沒帳篷沒食物，接下來可就不妙了。

由於白石池地處空曠，沒有樹木遮蔽，為了避免夜裡下雨，我們先盤點大家身上的裝備，十二個人總共有八個睡袋、十張睡墊，我和另一位女同仁的睡袋和羽絨衣都在協作身上。大家測過風向，把所有的背包擋在風口，在地上鋪好睡墊，每個人穿上雨衣雨褲，一個緊挨著一個躺好，再把睡袋當成被子蓋。至於臉怎麼辦呢？只好克難地蓋上塑膠袋，一開始大家還很開心地數星星，可我心裡其實是剉著等！

果然，晚上九點多，雨滴滴答答地下起來，大家一開始還能忍住，後來躺久了，四肢越來越僵硬，想要動動筋骨，就聽到有人大喊：「隔壁的不要動啦！你一動，水就滴到我的脖子了！」雨越下越大，開始有人受不了爬起來，原本是一個蘿蔔一個坑，現在只要有人起身，那個位子就會變成水窟，於是有人屁股濕了、有人腰濕了，這個晚上究竟要怎麼度過？

在最混亂的時候依然明確目標，做出決策

這時有位夥伴冷得發抖，喊著要熱水，其他人催他去換衣服，他卻說：「不行！我只剩一套衣服！」大家就警告他：「不換你會失溫凍死啦！」大家七手八腳找誰的水壺裡還有熱水，每個人又濕又餓，心情也不好，這時候總是要有人下指令，我只好嚴厲出聲：「某某某，現在立刻把濕衣服換掉！」

撐到十二點左右，大家的體溫越來越低，不動一定會失溫，於是我們開始收拾，決定繼續前進。當時領隊跑來問我：「要往前，還是往後？」往前，擔心大家的體力；往後，半夜能高南峰的路不好走，加上我們都已經走完第三天了，到底要往前還是往後，我也很糾結。我問大家：「我們就往前走吧！大家有沒有意見？」

大家都同意向前走，我們就踩著沉重的步伐上路，當時睡袋都濕了，背包很重，心裡更沉重。其實我們也有考慮要不要求救？但是每個人都好好的，也沒有人受傷，於是我們決定走到有訊號的地方，請登山隊帶物資上來，順利的話，第四天兩隊人馬應該會遇到。

第四天早上，大家拖著疲憊的身心，經屯鹿池到三叉營地休息，旁邊就是能高安東軍縱走的最後一座山——安東軍山，離我們只有短短一公里左右。有人提議要不要「順便」上去？馬上就有人說：「怎麼可以上去！現在都沒體力了！」又有人說：「只有一公里，很可惜耶！你以後還

有機會來嗎？」大家又七嘴八舌吵了起來，我馬上做出決定：「不要吵了！我們現在的優先順序是安全下山，即使它就在旁邊，也不能耗費多餘的體力去爬！」

因為大家身上都沒水了，必須沿路取水，即使池水看起來是恐怖的灰褐色，也只能硬著頭皮接起來煮，一喝下去我就噴出來：「裡面是不是有水鹿的尿啊！」領隊說：「對啊！但是這是救命水，你還是得喝！」我們只好趕快拿寶礦力粉加進去，那個味道就像蚵仔湯一樣，想忘也忘不了。

第四天傍晚，我們已經走了十八、九個小時，沒吃沒睡，體力越來越差，開始摔的摔，跌的跌，當時有位夥伴可能體力已經耗盡，跌倒之後，躺在地上眼神空洞，一動也不動，其他人就跑來問我該怎麼辦？我趕緊跑去把他扶起來，陪著他慢慢走。這時我只有一個念頭：發生事情的時候，我一定要穩住！

領導者絕對不能倒下

接近奧萬大溪時，我們一路都在高繞，陡上陡下，隨著天色漸暗，體力也越來越不支。當時我還沒拿出頭燈，又爬錯一個將近九十度的斜坡，正覺得奇怪，怎麼沒看到前面的夥伴？後來才知道我應該向右走，卻走成直上，正要下去的時候，沒看清楚支撐點，結果抓到枯木，只聽見啪的一聲，就倒頭栽滾下去！

我身後的夥伴見狀，馬上出手撐住我的身體，我說：「可以把我扶起來嗎？」他們在下面虛弱地用氣音說：「我們沒有力氣了，你能不能自己爬起來？」我只好自己喬了半天，才把身體翻正，爬上正確的方向。

前面的夥伴聽見動靜，大喊：「發生什麼事？」有人喊著，「Annie摔下來了！」「什麼！連Annie也摔了！」瞬間士氣兵敗如山倒，大家的情緒終於爆發，等到我爬上去，他們已經吵成一團：「連Annie都摔了，不要再走了啦！」「不走要待在這裡等死嗎？」我這才發現，原來人遇到生存危機，真的會抓狂到歇斯底里。

我只好忍著頭痛安撫大家：「沒事沒事，我休息一下就好。」這時候我一定要冷靜，如果連我也慌了該怎麼辦？而且我也很糾結，到底現在要不要再往前走？繼續走，怕大家沒體力會出事；不繼續走，我們要怎麼再度過這個晚上？

當時我們已經和送物資的登山隊聯絡上，他們說已經走到奧萬大溪的某處，但是找不到我們。其實過程中，我隱約感覺領隊可能走過頭或走錯路，但是又不敢戳破，因為我知道領隊也很慌，只是他不敢表現出來。

遇上生命關頭的時候，所有人團結一心是最好的，即使決策上有一點小錯誤也不要戳破，以免造成人心惶惶。所以我決定停下來休息，既然雙方已經聯繫上，就請一位領隊去尋找來支援的登山隊，其他人留在原地，沒想到又引發另一個衝突。

當時我們在樹林中，氣溫越來越低，有人想要生火，但領隊怕會引起森林大火，雙方便爭執了起來。一方說：「公司最近形象不好，如果引起森林大火，Annie又要開記者會道歉！」另一方說：「人都要死了，活下去比較重要，還管什麼記者會啊！」也有人氣到一句話都不說。

逐一拆解問題，才能解決問題

當下，我選擇先拆解問題，我問，怎麼樣才可以避免發生火災？領隊回答，一定要有遮蔽的東西，所以我告訴夥伴，「要生火可以，我們分頭去找可以遮的東西，盤子、臉盆都好。」偏偏一個都找不到，大家只好找一個最大的鋼杯，結果還是燒不起來，彷彿最後一絲希望被澆熄，森林裡一片沉默。

這時，對講機傳來領隊的聲音，他已經出發三小時，還是沒找到支援登山隊，我立刻決定請他回來。因為我曾看過一個報導，有一支登山隊也是在南峰出事，領隊去找人，結果一去不回。我怕領隊也發生意外，我們現在不能再少一個人，不能再有任何傷害。

領隊回來後，我們開始思考要怎麼度過這天晚上。我告訴夥伴：「現在四個人一組，每個小組自己想辦法，善用你們手上的資源，睡袋、睡墊、背包、雨傘，濕的也沒關係，想辦法相互取暖。」

後來發現，人的求生意志真的很堅強，有一組人跑去抱樹，再把濕的睡袋披在外圍擋風；我們這一組則是把睡墊一個鋪在樹上，一個鋪在下面，雨衣全穿在身上，鞋子也不敢脫，下半身就讓它濕。其實，我真的不知道這樣做，能不能熬過這個晚上？

大家稍微小歇，好不容易熬到凌晨兩三點，盤點剩下的瓦斯，煮了點熱水取暖，就繼續上路。從天色清明走到早上十點，終於遇到送物資上來的登山隊。大家才發現，我們前一天真的走過頭了。就這樣，大家補充體力之後，終於順利從奧萬大走出來。

下山後，領隊來向我道謝，他說：「我帶了十八年的團，沒有碰過這種事，還好這次有你在，你夠冷靜、穩得住，大家才沒有慌亂到不知所措。」我告訴他：「其實我也很剉，如果任何一位夥伴出事，我怎麼對得起他的家人？」

大家下山後把鞋子一脫，每個人腳上至少都有五、六顆水泡，而且腫到鞋子再也穿不回去，真不知道我們怎麼走下山的？這趟驚險的縱走，團員平均瘦了三公斤，領隊還掉了六公斤，我是瘦最少的，只減了一．五公斤。只是心裡的重擔一卸下，我的頭就開始劇痛，趕緊到醫院檢查，還好只是腫脹，沒有腦震盪。

結果協作到底怎麼了？

後來我們辦了一場劫後餘生的慶功宴，登山社的老闆帶著協作來向我們道歉，其實協作沒有出事，是我們被協作丟包了。見到他們，我氣到不想說話，我們一群人在山裡沒水沒食物沒帳篷，萬一出事多危險？但當時大家壓根沒想到我們是被放鴿子，還在擔心協作會不會發生意外。

這一路上，我一直告訴自己，冷靜、穩住，我們所有人要一起平安下山。直到領隊向我道謝，我才發現危機發生時，領導者真的很重要，因為我是主管，說話有分量，還能鎮住場面，如果是外面的自組隊，我相信一定吵翻了，甚至早就出事。

回想一路上我一直在下決策，而每一個決策都關係到大家是否能順利下山。往前走還是往後走？要不要請領隊回頭找協作？要找多久？要不要請他去找登山隊？找不到怎麼辦？快失溫的時候，到底要不要讓大家在森林裡生火？同時，我還要安撫夥伴的不安情緒、排除意見不合的爭執，甚至是一些崩潰邊緣的情緒性發言，**在這樣的狀況，每個決定都是兩難；而我的決定，始終以「人」出發。**

我當時的想法是，我們十二個人一定要在一起，不能放棄任何一個人，包括領隊。所以當他找了三小時，還是找不到登山隊，立馬就請他趕快回來，我們再來想辦法，我不希望他也出事，而且我知道如果又一個人發生事情，大家的信心真的會跌到谷底。

在拿捏的過程，感覺就像是一百個小決定，最後要促成一個攸關生死的大決定。要不要生火？其實我也很兩難，如果真的發生火災，大概會出現「王品人登山釀意外，引發森林大火」的新聞標題吧？當時我的判斷是要讓夥伴有「試」的機會，可以生火，但是要找到遮蔽物，找不到遮蔽物，至少要用鋼杯。因為我覺得在大家絕望、爭執的時候，至少要給夥伴一點求生的希望，如果不准他們生火，情緒一定引爆。

慶幸的是，這群夥伴很信任我，當我做決策時，雖然大家會有一些不同意見，但一旦決定了，每個人都願意一起行動。盤點物資，分享僅有的食物，大家都是無私的，不會有人偷藏，我想要一顆糖果，大家都拿出來分享，怕我吃不夠，而且沒有人會抱怨或質疑我在前一刻做的決策，這一點讓我非常感動。

後來我跟夥伴說，我們應該來寫一本書，記錄一下這一趟的心路歷程，就被夥伴吐槽：「心情都沒辦法平復了，還寫什麼書！」那趟縱走之後，有一半的團員再也不爬山，因為真的心有餘悸，這件事也在公司傳開，公關部的同仁還說，以後要禁止執行長從事危險活動！

不要這樣啦！我們下次再一起去爬山嘛！

解決危難時刻的混亂，拆解問題、冷靜決策的TIPS

一、在危急時刻，領導者更要穩住軍心，在異常時刻，冷靜下判斷。
二、危機發生時，明確優先順序，只做該做的事，不該做的事絕不浪費一絲力氣。
三、遇到兩難先拆解問題，給予團隊嘗試的機會，保留脫險的希望。
四、因為有信任感，遇到危機才能彼此扶持，無私分享，並且行動一致。

第44章 食安風暴的重創，用集中管理控管所有風險

二〇一四年九月，黑心油品事件掀起全台灣的食安風暴。那段時間，一個又一個知名餐飲品牌被發現使用問題油品，媒體上天天有人道歉。當時王品集團旗下有十三個品牌，店數超過三百家，其中五個品牌陸續被爆出使用問題油品，王品的食安危機瞬間被點燃。

當時媒體都以拖延、慢半拍形容王品的危機處理，消費者不斷抱怨，記者天天追著跑。那時候，我是義塔的事業處主管，臨危受命出面發言道歉，連義塔的經理都要求我：「你代表公司去道歉，媒體一定會打上你現職的品牌名稱，你要用總部總經理的名號，不能用義塔總經理的職稱喔！」同仁千叮嚀萬交代，因為大家都知道這場食安危機，必將重創王品形象。

記者會上我被問到：「阿基師都下跪道歉了，你們要怎麼道歉？」我知道媒體想要拍到聳動的畫面，但我能做的，也只有真心誠意說明清楚，同時道歉再道歉。

記者會結束後，我依照行程到門店試菜，吃了幾口都覺得味道怪怪的，我還問主廚：「為什麼菜嘗起來苦苦的？」原來，不是菜苦，是我心裡苦。那幾天我的心理壓力極大，電視上一直

在播我鞠躬道歉的畫面，走到哪裡都覺得有人在看我，路人的眼神彷彿在說「她就是電視上那個道歉的人」。

老實說，那段時間我們的危機處理確實做得不夠好，但背後其實有許多外界不清楚的原因。

王品集團在二〇一二年上市之前，店長主廚都是股東，獅王制下授權各品牌自主，每個事業處有自己的採購權限，而且當時總部沒有建立統一採購的規範，也沒有硬性規定哪些食材只能向哪些供應商購買。所以有些門店考量成本和便利，會自己買豬油回來炸，或者幾家門店合買分裝。

所以食安事件一發生，A品牌被爆出用到問題油品時，它的三十家門店中可能只有十家用到問題油品；接著B品牌被爆出，它的十五家門店，可能只有三家用到。當時我們還沒有將食材來源建構系統性紀錄，只能先清查門店，再一一向廠商求證，它的上游有沒有用到問題油品？這一來一往耗費許多時間，隨著媒體連環爆，消費者也覺得王品怎麼像擠牙膏一樣，沒有一次揭露，而且為什麼同一個品牌，有些門店有用，有些門店沒用？背後的原因其實很難說清。

在公司掛牌上市後，這些制度規範都應該隨著股權整合統一，但大家已經習慣過去的運作方式，覺得這樣營運也很順暢，因此一些制度規範還停留在過去的品牌獅王分權制，整合的步調在順境下也就沒有急迫性。

食安危機，讓王品的形象大跌，業績衰退，甚至讓公司首度面臨虧損，這件事帶給我們慘痛的教訓。既然犯了錯，我們就勇敢面對，真誠道歉，更重要的是，發現錯誤要快速解決，避免下一場危機。

化危機為轉機，痛也要痛得有意義

代表公司出面道歉後，我也擔任危機小組的副總召，每天坐鎮總部，追蹤時事，即時反應處理。隔年，接下執行長後，我只有一個念頭：從哪裡跌倒，就要從哪裡爬起來，既然消費者對於王品的食品安全有疑慮，我們就必須讓顧客重拾信心。

我問團隊：「為什麼別人也有用到問題油品，但是我們傷得這麼重？」因為過去消費者認為王品是模範生，顧客相信我們會為他們把關食品安全，而這也確實是我們對消費者的承諾。模範生做錯事，一定會被放大檢視，因為大家是用高標準來看我們，對我們的期待和要求比別人高。既然如此，就要做好我們該做的事，把關食品安全，絕對是我們從事餐飲業的第一優先。

於是，公司立刻投入數千萬的經費，組織團隊用半年多的時間建構「食品雲」食安溯源系統，要求所有供應商提供資料，所有原物料必須追溯到兩階。改變行之有年的合作模式真的不容易，當時有些廠商很抓狂，覺得這樣豈不是要把配方告訴我們？我告訴廠商：「你不用告訴我配方，但是你要提供來源，你的產品如果加了十種原料，十種來源都要提供給我。」

我們希望透過「食品雲」的數位化管理，清楚掌握每家門店的每一道菜所使用的原料，未來發生類似事件，只要一查，就能立即做預防性下架與改善。我們甚至讓消費者可以在官網或門店掃 QR code，直接查詢食材來源，當時同仁還很緊張：「這樣消費者會不會一直查？」但我們就是要用這樣的決心，宣誓王品對於食品溯源和食安把關的重視。

至於供應商檢核、實地訪廠、餐點定期送檢，過去就有在做的項目就落實得更仔細，門店也加強稽核，並導入「彩虹標」管理食品效期。那段時間廚房同仁都很緊張，因為一被查到有過期品沒有立即處理，一定會懲處，我們就是希望用加重檢核的重視度與緊張感，翻轉一些灰色地帶的觀念和習慣。

除了重建食安信心，這場危機也讓我們明白，作為上市公司，公司治理已經不能再用過去的某些分權自治，應該要加快腳步調整制度系統，回歸上市公司的統一規模與應有節奏。因為公司越來越大，制度系統沒有跟上，就會產生這樣不相襯的作為，讓消費者匪夷所思。大家會覺得王品是餐飲龍頭、上市公司，而且是多品牌連鎖店，為什麼該「連」的沒有連，該「鎖」的沒有鎖？怎麼會讓門店自己買豬油回來炸？而且同一個品牌，為什麼有些門店有用，有些門店沒用？我們真的百口莫辯，解釋不清。

從此之後，規定各品牌採購一致化，而且只能向採購部和食品安全部檢核通過的廠商採購。後來肉品和蔬菜水果更由總部統一採購，除了量大有議價空間之外，更重要的是確保原材料的來源和品質，做好風險控管。

遇到危機，我們選擇勇敢面對，努力將它化為轉機，從中學習經驗，讓王品浴火重生。既然大家把我們當模範生，我們就透過系統建構徹底解決，降低未來發生問題的機會。如果沒有遇上這場食安風暴，或許過去分權制產生的某些問題，也未必有機會整合統一，事後回想，正是這場危機讓我們真正面對問題、解決問題。而且因為這股危機感，讓我們「打斷手骨顛倒勇」，同仁們更團結一條心，願意相信公司的改革作為，願意和公司一起努力，重新贏回消費者的信任。

解決分權自治造成的衝擊，用系統化集中管理的TIPS

一、炮火中的危機處理，有錯認錯，真誠道歉，徹底檢討，提出具體的改善方案。

二、從分權自治到集中管理，同一品牌步調一致，才會讓消費者產生信任感。

三、制度系統隨公司規模與組織做調整，才不會產生不相符的決策與作為。

四、從哪裡跌倒，就從哪裡爬起來。用建構食品雲、統一採購，翻轉過去各門店各行其是的缺陷。

第45章
面對公關危機，重建發言人制度與正面宣傳

二〇一四年發生食安危機，二〇一五年戴先生交棒，我在王品形象最差的一年接下執行長。每個禮拜都有負面新聞，一下是薪資爭議，一下被說變相漲價，大事小事輪著打，三天兩頭都在解決這些臨時的危機，實在焦頭爛額，也讓我決定重新定義「發言人制度」。

上市公司一般都會設置發言人，而且通常都會選擇有財經背景的人擔任。早期王品集團沒有設置專門的發言人職位，公司的發言人就由決策小組的成員擔任。另，為了讓各品牌都有曝光行銷的機會，所以授權各品牌都可以對外發言，並沒有一套很明確的發言人制度。

直到我們形象重挫，成了另類的媒體焦點，行之有年的制度必須轉型因應。那段時間，同仁天天拿新聞來問我要不要回應？要怎麼回應？他們說明明已經澄清了，記者也不報，怎麼辦？我說：「回應我們該回應的、澄清該澄清的就好！」

當時公司陸續關掉將近六十家分店，我們沒有裁員，而是一一與同仁溝通協調，願意留下來打拚的同仁，都會轉調到其他事業處繼續任職。關店當然不捨，但這是不得不的陣痛期，我對

同仁說：「經營不善時斷尾求生，也是不得不的決定，大步向前起，不要回頭看。」

除此之外，也決定縮減總部規模，由原本的四層樓縮減成三層樓，沒想到才剛開始規劃，根本還沒有動作，媒體就聽到風聲，於是「王品營運不佳，樓層縮減，可能會大幅裁員」的揣測就傳開了。

同仁問我：「媒體這樣報，我們還要縮減樓層嗎？」我笑笑地說：「做我們該做的事，現在就是必須節省多餘支出啊，管那麼多幹嘛！我們又沒有裁員，只是縮減固定支出，照顧好同仁，問心無愧就好，等我們做出成績以後賺錢了，講話才能大聲！」

所以什麼薪資爭議、變相漲價，都是詮釋事情的角度不同罷了，我們只要確定這件事是該做的、出發點是對的，無法控制媒體要怎麼解讀。「我們只要專注一件事情：穩住士氣，做出營收。商場上成王敗寇，唯有做出成績，才能贏回大眾的信任，媒體就不會一直打落水狗。從今天開始，只解釋我們該解釋的，剩下都不要再理會了，只要一直往前走就對了！」

所以我告訴同仁，我不會再花太多時間看新聞，畢竟執行長有執行長的功能角色，太多資訊只是干擾。穩定士氣、推進策略轉型、帶領公司爬出谷底才是我的第一要務，我不能把自己捲入這些媒體旋風中。於是我告訴團隊：「我們要分工，把發言人制度列示清楚，不然你們都覺得只有我可以發言，大小事都來找我，這樣很沒有效率！」

因此，要求團隊建構發言人制度，且明定對外發言的中心思想，就像我過去告訴同仁的，各功能部門要把中心思想定義清楚，公關部和發言人的中心思想是什麼？「我們面對事情就是誠實，不假掰、不隱藏，對的說明白，錯的就道歉，身段放軟，再接再厲。」因為我們過去是模範生，被大家用放大鏡檢視，現在形象受損，媒體不停追著王品找反差視角切入，這就是媒體的工作啊！我告訴同仁，媒體願意追著王品，表示我們還有「媒體價值」。我記得當時同仁還說：「都這種時候了，只有你還這麼正面，居然說我們還有媒體價值！」

當時我們也從外部聘請專業公關人士，剛開始公關主管也是事事請示，後來，**我們就一起擬訂發言人制度，以及「分層負責」的原則，分別確定總部與各品牌的發言權限與分層負責的發言系統，而且只有重大危急事項才會由執行長出面發言。**後來媒體公關主管告訴我：「因為你的中心思想和公關政策很明確，我們就很清楚該怎麼做事，可以沒有懸念地立即處理媒體溝通。」這樣運作了一段時間，大家都適應之後，我才終於從這場媒體旋風中抽身，能夠聚焦在長期發展的策略主軸。

二十五周年，喚回美好的王品經驗

那段時間的改革，我一方面投注正面能量，告訴大家因為我們有媒體價值，才會被社會用放大鏡檢視，所以我們要回歸餐飲經營的初衷，努力找回餐飲業的價值，重回受人尊敬的企業。

一方面我也不斷刺激同仁的危機感，誠實地讓夥伴知道，現在公司形象確實不好，但是請大家不要氣餒，不久的將來我們一定會重返榮耀。

既然形象不佳、社會認同度下滑，我們該怎麼扭轉局面？二〇一八年，適逢王品二十五周年，正是最好的時機！王品二十五年來，陪伴多少顧客度過他們的生日、畢業、求婚、子女滿月、升遷，我們應該喚起這二十五年來的美好回憶，讓曾經來王品用餐的顧客想起王品與他們共創的美好生命經驗。所以我告訴同仁：「我們應該借力使力，舉辦一系列的活動，我要用力洗版面！」

所以三月的時候，我們邀請老顧客翻出曾經到王品任何一個品牌用餐的照片，再回來用餐「同框」，回味美好時光，就可以享受折扣優惠、抽大獎。接著，十八個品牌一起舉辦經典再現和新菜上市記者會，邀請模特兒和王品同仁一起走伸展台，用一字排開的經典菜色喚醒顧客的味蕾記憶。

九月更首度舉辦王品盃路跑，邀請大家為心中最重要的人而跑，而且是北中南同步開跑，台中場就有超過兩萬人參與。十一月，又舉辦五年一次的大尾牙，八千位同仁回到台中總部團聚，董事長當場也宣布隔年加薪和擴大徵才，以及新品牌即將誕生的好消息，熱鬧隆重的尾牙宴，又是一波媒體曝光。

二十五周年的慶祝活動，從年頭辦到年尾，就是希望透過不間斷的曝光，持續露出這些正面訊息，把過去的負面新聞洗掉。而且透過這些大型活動，創造同仁的參與感和儀式感，讓大家看到公司的動能和新意，感受到公司正在蛻變，雖然那段時間關了很多店，但同時間同仁也會感覺「公司沒有那麼糟」，是有未來、有希望的。

從三天兩頭來個負面新聞，到盛大迎接王品二十五周年，從谷底翻身振作。過程中，我們只能針對破口，一一突破，減少負面消息與不實揣測，安定團隊人心。向外展現誠意，讓大眾相信王品有改善精進的決心，挽回社會的信賴；對內凝聚向心力，用誠實的態度和夥伴一起挺過難關，當同仁看到公司言行一致的作為，就會定下心來繼續打拚。

解決媒體負面形象，用老顧客的美好記憶扳回一城的TIPS

一、重新明訂「發言人制度」，分層負責，不因媒體旋風亂了日常步調。

二、確立「誠實」的公關政策，讓同仁心無懸念立即回應媒體訴求。

三、成王敗寇，唯有做出成績，才能提升正面形象，贏回社會的信任。

四、透過系列活動創造正向媒體曝光與儀式感，讓同仁感受到公司的活力與變革。

第46章 施工團隊跑路，也絕對要準時開幕

夏慕尼創業時，我完全沒有餐飲經驗，直接從幕僚挑戰獅王創業。當時的我，對於餐飲業有許多理想和憧憬，第一次創業、第一個催生的品牌，我一定要把最好的產品和服務提供給顧客。讓顧客「先嘗嘗鮮」的鐵板燒，是我喜歡的品項；法式人文浪漫優雅，是我喜歡的風格；帶著顧客的味蕾去旅行，是我賦予夏慕尼的理想。

當時，我們找了幾位設計師來比稿，其中一位設計師的設計概念最契合我想呈現的品牌定位，於是決定請他著手設計。當時，他希望能夠統包工程，他認為從設計到工程施作都由他負責，這樣運作最有效率，才能完整呈現我想要的風格。當時，我完全沒有工程經驗，但既然公司開過這麼多品牌，總部的工程部也會協助，應該沒什麼問題，就答應他的要求。

工程期程和開幕時間都已訂下，我也三不五時去巡視工程進度，過程中其實我感覺進度似乎有點緩慢，而且前期工程好像也不是很到位，但在他的再三承諾之下，我認為可能只是一開始掌握得不夠好，過一陣子應該就會改善。

沒想到，最後一周照明、家具和軟裝完成後，我一到現場就傻住了。這根本不是我當初想要的風格！怎麼跟當初說的差這麼多？設計師這才開口請求說時間不太夠，希望我能延後一周開幕，多給他一些時間改善。當時，同仁早就培訓到位，開幕文宣都已經發出去了，怎麼辦？

幾番天人交戰之下，我黃牛了。我向公司、夏慕尼團隊還有消費者致歉，表示我們要延遲一周開幕。雖然多了一周，其實時間依然相當緊迫。不只設計師要把工程施作完畢，我們還要在正式開幕前幾天舉辦家庭日，邀請同仁與廠商帶家屬來用餐，當作試營運。在測試新設備時，我一直焦慮不已，認為這一周的改善幅度非常有限，到時候真的能如期完工嗎？結果，到了開幕前一天，設計師竟然沒有出現，工班也找不到人！

我一方面擔心設計師會不會出事，狂打電話試圖聯絡，一方面擔心萬一整天工程停擺，明天怎麼開幕？於是我請工程部幫我找可以臨時接手的工班和水電團隊，隔天早上過來至少還可以補救一些；今晚我們只能先處理眼前看得見的部分，先從燈具目錄進行挑選，請廠商把有的現貨先安裝上去，就這樣忙到幾乎徹夜未眠，心情跌落谷底。

隔天早上，臨時工班來了，他們先大致盤點可以先補救的部分，就開始緊急動工。同仁很不安地問我：「Annie，今天會開幕嗎？」我說：「當然要開幕啊！可以施作的就施作，來不及的就趕快清潔，有問題的就先擋起來，不要影響顧客觀感。」

這時候，工程部同仁又來阻止：「Annie，這樣不行啦，我真的建議不要開幕！」品牌部主管聽到消息，也打電話來勸退，擔心、反對的聲音越來越多。我深知，其實大家對夏慕尼的開幕好像都不抱希望，還有工班落跑的雪上加霜，也讓我非常猶豫，如果搞砸了，會不會傷害公司形象？我不想食言，更不想失敗，兩難的抉擇讓我壓力好大。

這時候，電話又響了，是戴先生。他沒有責備，反而安慰我，「Annie，第一次創業都會碰到很多問題，公司創業也不會每個都很順遂，偶爾失敗也很正常。不要難過，就算沒有開幕也沒關係。」這通電話，我一輩子都記得。

但我還是非常堅定地告訴戴先生：「不行，我一定要開幕！一周前我已經黃牛一次，如果這次又黃牛，消費者會對我們失去信心，團隊士氣也會兵敗如山倒，現在離中午十一點半開門還有幾個小時，我還有幾個小時可以努力！」

不讓失敗發生的堅毅

黃牛一次是失誤，黃牛第二次就是承認失敗。所以我還是硬著頭皮，能清潔的就清潔，不能見人的就先蓋起來，就算遮遮掩掩，我們還是要開幕，已經決定了，就只能往前走。

營業前，我準備和全體同仁開會，鼓舞夥伴的士氣，讓同仁充滿熱情迎接顧客。但當時我的壓力幾乎到達頂點，我一個人走到門店後面的巷子，大聲嘶吼了幾聲，我告訴自己：「我、要、開、幕、了！」回去洗把臉，把臉揉一揉，把那些壞心情揉掉，我告訴自己一定要用微笑，迎接每一位顧客和貴賓。

我回到同仁面前，告訴大家：「二〇〇五年九月二十六日，這是歷史性的一刻，夏慕尼正式開幕，我們向前邁出一大步！」也感謝一起創業的夥伴陪我走到這裡，為第一天的營運加油打氣，就這樣，「夏慕尼新香榭鉄板燒」誕生了。

同仁士氣高昂，而我內心忐忑，還好當天來捧場的大多是親朋好友，因為一樓的裝潢太落漆，我們還故意把顧客引導到二樓，結果朋友離開前偷偷告訴我：「Annie，你很大膽耶，這樣也敢開幕喔！」還有人說：「不只環境沒有很好，師傅也很緊張耶！你們真的有準備好嗎？」

培訓時，我們都會教師傅如何和顧客互動，結果真正面對客人時，我居然聽到師傅把平常練習的SOC直接說出來：「先生小姐，請問你們是第一次來用餐嗎？」顧客聽了也不知道該怎麼反應，他們心裡一定在想，「不然呢？你們不是今天才剛開幕？」下了鐵板檯，師傅也很懊惱，說他太緊張了，我還安慰他，「不會不會，沒關係，第一次難免嘛！」

等到用餐結束，顧客都離開後，設計師和工班竟然出現了。

設計師一直道歉，說他睡過頭，我當然不相信，也不能接受，很生氣地告訴他：「你覺得這只是一份工作，所以你根本不在乎，但是我很在乎，因為對我來說，這是一份事業！我要養一群團隊，我要對公司負責，如果你和我一樣在乎，你應該會跟我一樣整夜都睡不好，而不是昏睡一整天，尤其是開幕前一天！」

我知道他的壓力很大，也猜想他應該有一些困難，可能是他的設計概念，工班做不出來，也可能是他第一次統包，叫不動工班。只是他沒有提出來討論，而是選擇逃避。後來設計師拜託我再給他一個機會，讓他善後收尾，其實我也很為難，後來還是決定讓他繼續完成，只是補救比施工更麻煩，工程依然斷斷續續，後來設計師又落跑了！

放棄很簡單，不放棄才困難

初次創業的我經驗不足，一心只想把產品、服務與理想做好做滿，所以在研發菜色和培訓鐵板師傅花了很多心力，卻忽略了開店工程原來也不簡單，尤其鐵板燒是過去公司沒有做過的品類，其實我應該要投注更多心思去學習。

加上獅王創業，會授權事業處主管做決策，但我太在意完美，卻忽略了可行性。例如我希望做浪漫的水滴造型、鐵板檯上的照明要有一些造型變化，但美感和功能、動線有時未必能契合，滿腦子浪漫美好的想法，卻忽略了執行面的難度。而且做到九十五分已經耗費一倍的心力，為了達成最後那五分，可能要花上兩倍、三倍的時間和成本。理想與現實的平衡，有時就是必須取捨。

尤其餐廳工程不是只有木作泥作，還有水電、空調、照明、招牌，過程中還有廚房設備和鐵板檯要進場安裝，每一個環節都要如期施作銜接，整個施工節奏才會流暢，只要有一個環節延誤進度，後面的工期就會大亂，其實掌握整個施工節奏，讓工程如期完成，是需要能力和經驗的。

偏偏設計師沒有統包經驗，而且和我一樣想追求完美，所以當工班做出來不如預期，他就會一直修改，可能也因為如此，最後就叫不動工班。第一次創業的我，開新品牌已經是從零到一的建設，又加上第一次統包的設計師，他也在做零到一的建設，太多的第一次提高了風險。經過這次經驗，我就很清楚設計和施工是兩種專業，未來一定是分包制，設計歸設計，施工歸施工。

在拆解危機的過程中，其實我有很多放棄的機會。再延期一次？聽同仁的建議不要開幕？甚至戴先生都說沒關係了！但對我來說，放棄很簡單，不放棄才最困難。大家都說我創業不成，還可以回總部當財務長，但我沒有回頭路，如果這時候放棄，我心裡一定會烙下一個失敗的印記。

所以，我總覺得還不到最後一刻，不能輕言放棄。雖然那一刻我真的很煎熬，而且在場的同仁都知道狀況很糟，每個人都茫然地看著我，大家都在等我做決定。我知道這個抉擇將會決定未來夏慕尼的士氣，所以我很清楚，一定要要開幕！

決定開幕不是為我自己爭一口氣，而是通盤考量的抉擇。我想到消費者，如果第二次黃牛，夏慕尼一定信譽掃地，還沒開幕就失去口碑；我想到和我一起創業的團隊，大家好不容易努力到今天，摩拳擦掌等著迎接顧客，如果再不開幕，團隊士氣一定會潰散。我還想到公司，因為公司願意相信一個沒有餐飲經驗的人，放手讓我創業，如果我失敗了，怎麼對得起大家的信任與投資？努力了一年，在最後一刻，試都沒試就放棄，我絕對不要！

用真心誠意的解決，回應拚命討債的廠商

好不容易開幕了，事情還沒結束。

開幕後，營運不如預期，已經很有壓力了，那段時間還常有工程廠商上門。原來他們只拿到兩成的工程款，又找不到當初統包的設計師，他們覺得工程是在夏慕尼做的，通通跑來門店要錢。剛開始同仁請他們去找設計師，但廠商完全聽不進去，甚至在營運時間吆喝威脅，甚至要拆招牌，這樣下去要怎麼營業？

當時我最怕電話響起，第一次體會被討債的感覺。但既然發生事情，總是要面對解決，所以我還是每一通電話都接，親自向廠商解釋，「我是統包給設計師，工程款應該由設計師對你們負責。而且我已經付了七成的費用，剩下三成是因為他還沒有收尾。」為了釐清問題，我和廠商們把合約攤開，也出示已經支付的款項單據，我建議應該把設計師找來，大家坐下來一起找解決方案。

我告訴廠商，這家店是我拿公司和股東的錢出來創業，我付我該付的，但也不能漫無目的

地花錢。後來，大家終於找到設計師，面對面把事情談清楚，雖然後續工程我並不滿意，但我願意再付兩成，扣一成是因為他前後造成的延誤和損失，至於剩下的款項就由他和廠商去討論支付。後來廠商告訴我，他們感受到我是真心誠意，願意協助他們解決問題，而且不會拒接電話，讓他們找不到人。最後事情總算解決，終於不會再有人來門店鬧事。

從硬著頭皮開幕，到解決討債危機，每個波折都是學習，雖然付出很大的代價，總是邊做邊學，勇敢面對，終究會過去。也因為創業路上跌了這麼大一跤，後來夏慕尼開新店的工程就越來越順利，換個角度思考，或許跌倒也是練就武功的方法吧！

解決開天窗的緊急危機，穩住局面不讓失敗發生的TIPS

一、危機發生時，領導者必須穩定軍心，全盤思考，在兩難中做出抉擇。

二、化被動為主動，拆解問題，堅持到最後一刻，把傷害降到最低。

三、善用既有資源，做從零到一的建設，不過度追求完美，在理想與現實之間務實取捨。

四、以人為本，真誠協助合作夥伴解決問題，用溝通化解衝突。

第47章 因應十八億庫存，建立與營收連動的計算機制

二〇一四年下半年發生頂新劣質油品事件，公司形象與業績嚴重受挫，二〇一五年六月我臨危受命接下執行長一職，當時正值王品經歷食安風暴後形象大傷，又加上交棒轉型，單店平均營收急速衰退；下半年又因為組織重整，前前後後陸續關了將近六十家門店，整體營收更是面臨前所未有的重挫，實在是屋漏偏逢連夜雨，甚至我接任新職的第一個月，還發生了三起門店起火事故，我還開玩笑地對同仁說：「新官上任三把火已經燒過囉！之後應該不會再有事啦！」

為了度過當前的危機，除了想辦法提升營收外，還要盡快減少虧損、重建利潤結構，於是我帶著團隊開始重新檢視財務報表與營運節奏。例如，某一品牌過去一家門店的單月營業額可以做到五、六百萬，現在只能做到四百萬左右，因為營收衰退就很容易產生虧損，我們不可能再依賴過去營收下的利潤結構，必須在現有的條件下建立新的利潤結構與方程式，才有可能找回營收和利潤模組，從谷底爬起來。

在諸多工作忙碌之餘，我發現台灣區財務報表中的庫存居然高達十八億，等於有兩、三個月

的營收都押在這裡！怎麼會有這麼大的庫存量與資金積壓？營收已經下滑，不少品牌已產生前所未有的虧損，資金也出現前所未有的緊張，此時存貨周轉去化庫存也正在變慢，這麼高的金額，要怎麼消化？我知道這些庫存嚴重積壓資金且去化速度緩慢，如果不立即處理，可能不小心會發生過期或形成呆滯的情況，時間拖得越久，還會有不斷投入的倉租和理貨成本，以公司當前業績衰退及虧損的狀況來說，未來一定會形成一個巨大的黑洞。

為了解決當前的危機，去化庫存是眼下急迫的第一要務！當時，王品集團台灣區有十二個品牌，我召集台灣區所有事業處召開緊急會議，要求各品牌相互合作，打破事業處的界線，打團體戰與速度戰，加速去化庫存。因為去化是一個需要時間的過程，於是各事業處都動了起來，清點與分類庫存品，各事業處組織研發團隊著手研發新菜色；也做行銷活動、鼓勵主廚招待，盡量回饋消費者，像石二鍋當時就推出行銷活動，讓消費者用優惠的加價購價格，享受分量更多的肉品。

甚至那陣子，連同仁的餐點也在幫忙去化庫存品，總之就是去化再去化，真的過期的庫存也只好忍痛丟棄。就這樣，所有品牌統一目標，一個月一個月地有效去化，讓庫存金額持續下降，經過一年之後，才去化了十二億的庫存，讓庫存量降到六億的安全庫存，這是團隊根據當時門店數、營收與最佳效益計算而得出的最適宜量，我這才鬆了一口氣。

探討過去的成因，預防未來的意外

解決了「現在」的問題，我接著要建構「未來」的機制，以後絕對不能再發生類似的問題。所以我要求採購部與事業處探討「過去」發生的原因，為什麼備如此高的庫存量，與積放金額這麼高的庫存？把原因一一列示，唯有知道原因，才能找出預防的方法。

原來，因為過去公司營收穩定，囤積庫存的風險並不高。有的品牌怕原材料漲價，所以一次就叫了大量的貨；加上有些品牌研發出新菜色，預期這道菜以後一定會長銷，也開始叫了一堆庫存。再加上當時公司財務無虞，大家對這樣的庫存模式都沒意見，都覺得反正一定會消化完。

但大家沒想到，有一天業績急速衰退時，或新品上市銷售未如預期，這些備貨的庫存就會形成可觀的問題。以前一家店單月營業額可以做到五、六百萬，可以放六個月的庫存；現在如果客量下滑，營收只能做到四百萬，怎麼還是放營收六百萬下客數的六個月庫存呢？營收衰退，庫存卻停留在過去高營收時期的數字，實在太不合理。**於是我要求採購部重建安全庫存的計算機制，而且要和營收連動，並且動態調整、定期修訂。**

另外，團隊有時會遇到某食材價格較便宜而決定準備大量庫存，這決策並沒有對錯，重要的是，**決策過程需要事前分析清楚，將預計的庫存量與該食材周轉率、備貨庫存的資金成本、庫存期間與備貨相關機會成本，如倉租、理貨成本等逐一分析後，試算出食材低於何種水平下進**

行庫存，才是最佳備貨庫存。另外，餐飲業還需要將食材的鮮度等因素考量在內。有些食材將其他相關機會成本納入計算分析後，根本沒當初以為的便宜了，這些都是可以預防的啊！

同時，我請採購部重新檢視食材類別，不同食材應該要擬訂不同的安全庫存量。哪些食材必須做大庫存？哪些食材其實可以調整叫貨方式？如果可以預約叫貨，要用的時候再請廠商送過來，說不定根本不需要做大庫存。這樣一來，我們可以減少倉儲空間和租金，也降低理貨成本，更重要的是避免庫存過量，讓太多資金都押在庫存。

所以採購部就著手重新擬訂不同食材的庫存用量，與事前分析試算相關機會成本後，制定庫存政策與規範，例如，過去庫存一年用量的，可能就縮短成庫存七個月用量；過去放六個月用量的，改成定期合約並定時與廠商叫貨，讓庫存用量縮短成三個月就好。而且我要求新菜上市，必須通過三個月的檢視，確認消費者滿意度，確定是會長期保留在菜單上的長銷品，才可以進行大量庫存。如果只推一季，或者不算熱銷品的產品，就應該做定期平時採購，而不是無理由地囤一堆貨。

那次庫存危機，幫我和同仁上了一課：居安思危，永遠要為緊急事件和意外做好準備。當公司營運好、現金穩定的時候，大家可能就沒有算得那麼精，雖然一次叫大量庫存，看起來比較便宜，但這些貨放了十個月、一年，壓在這裡的資金會不會有機會成本和資金成本？當然有！而且倉租和理貨成本都被忽略，真的有幫公司省到錢嗎？

過往的庫存機制過於寬鬆，讓各事業處自主，結果業績衰退後，大家也沒有想到要趕快去化庫存。所以我再三提醒同仁，制度系統務必定期檢視調整，因為制度系統都有當時訂定的時空背景，但環境會變、趨勢會變、市場也會變，當這些條件都改變了，制度就應該適度調整，才能保持彈性，運作順暢。因此我也要求各功能部門，相關制度系統至少每年都要檢視一次，才不會流於老派鏽化，跟不上時代，讓自己被制度絆倒。

也因為這次事件，我訂出「共享ＫＰＩ」。遇到事情時，人總是習慣找理由，營運單位說他們囤庫存是為了省錢，採購部又說是營運單位要求放庫存。但對我來說，採購部應該要提供專業意見，讓內部消費者，也就是營運單位知道哪些情境、哪些貨、哪些時機點適不適合放庫存？所以透過共享ＫＰＩ，採購部和營運單位要互相合作解決庫存問題，並且一起制定更有效的制度。

我要求採購部除了建立安全庫存的計算機制，還要負責監督和示警。因為營運單位只負責營運現場，他們當然最怕食材短缺，所以總部功能單位應該在前端把規則訂好，在營運單位打算備長用量的某原料時提醒他們：這道菜還不是長銷品，現在不宜庫存；現在牛肉已經有多少庫存了，不建議放太多；或者某個品牌庫存飆高，占了多少營收比例，需要注意。而且兩單位將相關規則辦法共同擬訂清楚，一旦機制形成，採購部就會自動運作，平衡庫存、監督示警，如此一來，營運單位把採購與庫存相關管理放心交由採購單位運作，也能更專心聚焦營運。

那麼，「安全庫存」的標準到底是什麼？其實安全庫存沒有標準答案，有的企業年營收超過百億，庫存八、九億；有的企業年營收一億，庫存幾千萬。**安全庫存可以根據企業的庫存政**

策、原材料周轉和營收規模來制定與設計，而餐飲業則必須加上考量原食材的保鮮期，如果企業的庫存政策是三到六個月，安全庫存的金額就應該放到相應的比例，而且每年或每半年隨營收動態調整。

經營連鎖餐飲業，庫存絕對是一門大學問，解決庫存危機的那一年，其實我的壓力真的很大，所有問題都在最危難之時一件一件浮出。但危機也是轉機，讓我與團隊有機會面對問題的癥結，並且透過制度化與營收動態相關聯徹底解決，接下來幾年公司的庫存就維持在六、七億左右的數字。我相信透過制度的系統化設計與運作，維持合理的庫存，絕對是企業經營與健全財務體質不可輕忽的一環。

解決高額庫存去化不易，建立安全庫存機制的TIPS

一、遇到危機時，解決現在的問題，檢視過去的原因，制定未來預防的方法。
二、根據庫存政策和營收規模，制定安全庫存計算機制，才能調整財務體質，重建利潤結構。
三、安全庫存應該和營收連動，並且動態調整、定期修訂。
四、居安思危，透過制度系統為未來的意外做好準備。

第48章
轉型變革須明確策略目標，凝聚人心

二〇一五年接任執行長後推動轉型變革，是辛苦的一段路。我常開玩笑說，全世界沒有一間公司同時面臨谷底危機、接班交棒、公司轉型，剛好三件事都讓我遇上了。

當時很多人問我，你為什麼要這時候接？因為我很清楚我的使命和責任，接任當時戴先生也對我說了四個字：責無旁貸。他希望我要協助剛從中國返台的陳董事長，讓王品重新站穩腳步。

我問自己：我為何而戰？

大學畢業進會計師事務所，是為了賺錢、學經驗、投資自己；把會計師執照鎖起來，進入王品，是為了兼顧家庭；斜槓創業打造夏慕尼，是為了挑戰自己、挑戰一個不可能，完成公司的信任。一路走來，我都很清楚自己為何而戰。

臨危受命接下執行長，其實我也斟著等，這麼大的責任壓力我扛得下來嗎？但我很清楚，王品對我有恩，我必須報恩。二十多年來，經過這麼多的部門歷練，讓我有機會創業，是王品培育我、信任我，讓我有收入、有地位、有成就。所以我為何而戰？就是報恩，我不能在公司最危難的時刻離開。

那段時間，公司形象不佳、營業虧損又大量關店，每天都有負面訊息，內部人心惶惶。還記得我到辦公室或門店時，都有同仁握著我的手問：「大美女，公司會不會倒啊？」看到同仁這麼沒有安全感，我心裡更有一股「必須保護大家」的使命感，我一直告訴自己要撐住，要安定團隊的心，讓門店與運營正常運作，讓同仁動起來，要帶領團隊一起往前走，朝向有希望、有未來的明天。

既然我知道我為何而戰，我也應該讓團隊知道他們為何而戰？未來要往哪裡走？

同仁的不安來自於食安危機讓我們傷得太重，對派駐中國十年回任的董事長還不熟悉，加上對未來沒有方向。所以二〇一五年七月的年度策略會議，我帶領團隊就定調不管外面風風雨雨，我們長期的發展目標就是要走向「一〇三三計畫」。

設立改革後的明確策略目標

一〇三三計畫是指：

「十年開發二十一個品牌」，也就是列出十年發展品牌藍圖，區分新、舊品牌消長模組，並於十年間開出成功的二十一個品牌。

「成長一〇%，營收三百億」，根據十年新舊品牌藍圖，估算平均成長率與營收目標。「獲利一〇%，利潤三十億」，根據十年新舊品牌藍圖，營收狀況、過往經驗估算利潤水平與利潤目標。

我們要在最短的時間策略聚焦，組織變革。為了達成一〇三三，必須短期三年先聚焦三大策略：提升公司形象、找回增長營收、重建利潤結構。這三大策略，就像蓋房子的基石，將為王品奠定未來十年的願景。

喊出一〇三三計畫後，我還要讓公司將近一萬名夥伴知道方向在哪裡，與我們經營的中心思想，那就是回歸經營餐廳的初衷，為消費者把關食的安全，創造餐飲業的價值。所以我告訴同仁：「我們就是老老實實，做好餐廳該做的事，回歸餐廳經營的初衷，剩下的干擾不要管那麼多，做我們該做的，有一天我們一定會重返榮耀，再度成爲受人尊敬的企業。」

所以那幾年，我就是溝通我們的中心思想與不斷高喊一〇三三目標，讓大家腦中有回歸初衷的共識與一〇三三這個數字，唯有簡單的共識與目標才不會過度發散。

一方面，我對同仁信心喊話，「跌倒沒有關係，大家同心協力就能爬起來，而且我們會從跌倒中學習。」另一方面也要創造危機感，讓同仁知道我們現在很危急，不再是以前那個很賺錢、形象很好的王品，因為現在什麼都不好。有危機與急迫感才能促使同仁改變轉型，但是路要繼續走，產品要繼續製作，顧客要繼續服務，讓一切回歸正常。

這段過程中，我必須讓同仁對於公司的變革與成長「有感覺」。所以除了既有品牌的優化，還要開發新品牌注入動能，而且我希望讓同仁有參與感，因此當時舉辦了一系列的創業競賽，內部競賽鼓勵同仁發揮創意，也和大學、全國大專院校商業個案大賽（ATCC）等外部單位合作，吸收外界聲音。未來的新創品牌，公司會優先考慮這些團隊和概念，對同仁的培訓和晉升都有幫助，後來青花驕、hot 7的主管就是當時的冠亞軍。

改革之前先凝聚人心

為什麼要辦這些競賽？第一是為了凝聚團隊，當人心不安時，讓同仁透過活動專注在我們的本業，創造一個平台讓他們的想法被看見。其次，是我希望聽見年輕世代的聲音，而且我相信「高手在民間」，應該要創造機會，吸收外部人才，像手禾日麗的概念，就是學生團隊的點子。當時我也喊出「開放多元」，我始終認為我們不可能永遠靠自己或小團隊的力量，必須廣納多元聲音，才有機會突破自己。因為這些能量的累積，後來真的讓我們達成一年開四個品牌的目標。

而且在內部創業競賽時，我們還參考綜藝節目，開放全體同仁參與投票，參賽隊伍就會四處宣傳拉票，擴大同仁的參與感，讓活動氣氛更熱絡。而且第一屆內部創業競賽的總決賽，結合家族大會舉辦，還邀請玖壹壹樂團來演出，現場就像演唱會一樣，同仁玩得好嗨。我發現，在重建組織的過程中，透過一些這樣的活動，有參與感、儀式感，士氣就會慢慢帶動回來。

轉型變革的過程中，有人、有組織、有戰略是不夠的，還要有共同一致的信念與核心價值。當時，在決策會決定把「誠實、群力、創新、滿意」的核心價值，改成「誠實、群力、敏捷、創新」，就是因為我們覺得時代在變，公司在轉型，大家雖然有轉變，但速度還是要加快，才能跟上時代腳步。

當時也有人問，為什麼要把滿意改掉？難道我們不追求滿意嗎？我說：「滿意是結果，我們本來就要追求同仁滿意、顧客滿意。然而時代變動快速，我們一定要保持敏捷力，要有執行力。」無論是服務顧客或觀察市場趨勢，一定要保持敏銳，才能洞燭先機。

核心價值的改變伴隨著集團歌改版。當時負責改版的同仁拿來很多版本，他們沒想到我會挑活潑年輕，而且是男女對唱的版本，他們還開心到跳起來！而且為了讓同仁「洗腦」，團隊設計在各種活動、門店午餐時間不斷播放，讓大家耳熟能詳，不斷內化，後來大家也都習慣了。去年，我參加負責改版那位同仁的婚禮，她甚至請前後任執行長上台帶動唱集團歌，居然有人會在婚禮上唱起集團歌，可見她對集團歌多有感情！

為了讓同仁知道公司文化改變了，還推動公司內部的「WOW新聞」，透過動態影音將公司理念和品牌動態傳達給基層同仁。哪個品牌去爬山、哪個品牌去做公益活動、哪個品牌有快閃行銷，甚至跟拍我和董事長在聖誕節到門店發糖果，有勵志、有笑料。其實年輕同仁點子多得很，隨著時代改變，影音新聞更符合年輕世代的吸收習慣，讓同仁能不斷補充正能量。

為讓同仁能共同參與公司大小事的分享，也建立「王品家人生活圈」的臉書專頁，除了品牌資訊，也會分享王品大小事和餐飲人的甘苦日常。最初的想法是為了公開透明，讓大家有話大聲說，當時就有同仁很緊張，「如果臉書上的言論無法控制怎麼辦？」我就說：「在外面爆料，不如在公司爆料，公開透明，還可以第一時間了解改善。」除了讓同仁有表達聲音的管道，那段將近六個月的時間，我也盡量門店走透透，透過面對面溝通，向同仁說明公司的改變，也為同仁加油打氣。

二〇一五年台灣虧損，那一年好不容易擠出一元的股利。隨著創業比賽的舉辦、二十五周年系列活動、王品盃路跑、大型尾牙等活動，以及新品牌陸續不斷出現，到二〇一六年王品轉虧為盈，EPS回到三元，二〇一七年成長到六元。我覺得同仁會從這些改變看見公司的動能，看到公司說的和做的是一致的。

後來我發現，同仁不安徬徨的時候，其實是看我們領導者怎麼引導他們。大膽嘗試各種方式，此路不通就再想辦法，雖然無法立刻回歸榮景，但同仁會感覺公司確實正在翻轉。只要有方向、有未來，同仁就會願意相信公司、跟隨公司。

解決變革時的各種阻力，擬訂計畫並凝聚人心的TIPS

一、面對危機，先清楚自己為何而戰？穩住軍心，指明方向，讓運作回歸正常。

二、聚焦策略，擬訂十年計畫，目標明確才不會發散。

三、對同仁信心喊話的同時創造危機感，迫使同仁開始面對改變。

四、透過創業競賽吸收多元聲音，打造新品牌，為企業注入動能。

五、改變公司文化與溝通方式後，必須大力宣傳，讓同仁耳熟能詳，不斷內化。

第49章 用跨界合作取代自行研發，從西餐進軍中餐體系

二〇一六年，王品第一個中餐品牌「莆田」誕生，這也是王品首度以代理的方式引進國外品牌。莆田在新加坡已經有二十年歷史，而且曾獲得米其林一星肯定，在亞洲許多國家都設有分店。二〇一二年，中國、東南亞等地的餐飲集團都有意願引進王品的品牌，其中包括新加坡莆田，當時就曾到王品參訪，並於二〇一三年正式代理舒果，進軍新加坡市場，當時雙方就結下一段合作緣分。

過去，西餐和火鍋一直是王品的強項，也是大眾最熟悉王品的餐飲特色。但根據那些年的餐飲趨勢調查，當時台灣餐飲市場的份額中，就有四分之一是中餐相關菜系，而且趨勢看漲，可見中餐是台灣民眾不可或缺的飲食文化。因此，如果未來要繼續多品牌發展策略，拓展新品牌怎麼樣都少不了中餐，所以我接任執行長時就很清楚：王品總有一天會走入中餐市場。

當時，新加坡莆田的創辦人方志中先生也多次表示合作意願，曾對我們表達說：「我們都把舒果引進新加坡了，如果王品要開中餐，可以把莆田引進台灣啊，我們來合作！」

那段時間，我亟需帶領公司從營收滑落虧損谷底翻身，提升公司形象、找回營收、重建利潤結構是當時我設定的首要目標；而開發新品牌，正能為公司注入成長動能，為王品帶來新氣象。加上我當時喊出「開放多元發展」，過去的獅王創業都要從零開始建構，太慢了，我希望打破既有框架與以往傳統，不是所有的品類開發都要自家從頭學起，我們有沒有辦法和別人合作，加快腳步呢？

因為這些綜合考量，我們決定和新加坡莆田合作。老實說，王品過去創立品牌都覺得要「自己來」，從來沒想過要跟別人學，但我當時認為，既然我們做中餐的核心能力還有待培養，為何不先向對方取經？所以我告訴同仁：「不要有框架，趕快多跟人家學習，這一步一定要踏出去。」

從服務到動線，中餐西餐大不同

開放多元發展，不只是為王品走進中餐市場做好準備，我們不只要會做中餐，更要知道怎麼開中餐品牌，未來我們才能憑自己的力量拓展中餐事業體系。尤其中餐的服務和生產動線，和西餐的邏輯明顯不同，西餐注重西餐禮儀、菜色解說和用餐服務，中餐服務雖然看似沒有一套正式的禮儀，其實也有不少「眉角」。

例如西餐通常菜色有限，加上王品為便利消費者點餐，大都是以套餐模式呈現，從沙拉、主餐到甜點飲料，大多只提供幾種選擇；但中餐菜單一打開琳瑯滿目，怎麼配菜就是學問，需要靠經驗豐富的點餐人員從旁協助。例如有的人點很多肉類，點餐人員則會建議顧客換一道海鮮，讓顧客可以吃得到多元食材與不同烹調方式，又不會讓顧客吃到最後又飽又累，所以點餐、配餐的能力，就是我們邁入中餐要培育的另一基礎功。

至於中餐廚房的動線也不同於西餐流程，我們也曾到新加坡莆田實際學習與考察，觀摩餐點如何快速製作，生產動線、送餐流程和動線如何設計，以及餐點如何擺放等等。加上中餐有些原材料或半成品可以善加統合前置作業完成後再配送到門店，所以中央廚房也是新加坡莆田的一大特色，因此在中餐中央廚房的設立，我們也花了一番功夫。

因為過去經營西餐和火鍋的經驗，投入中餐時雖然領域不同，只要在某些地方翻轉思維，透過向新加坡莆田與他人學習，抓到竅門即可轉化為王品的核心能力，速度真的快很多。我相信未來再開中餐品牌，我們一定會提升效率和成功率，同時縮短投入的時間成本。

先做有競爭門檻的品類，之後才能往下開展

透過和新加坡莆田學習，王品先在二〇一六年引進莆田，之後三年，陸續成立三個類中餐品牌事業處，分別是二〇一七年的沐越、二〇一八年的享鴨和二〇一九年的丰禾日麗台式小館。

沐越雖然是越南料理，但其實越南菜揉合了法式料理與中式料理的飲食基因。以前我到美國出差，吃膩西餐的時候，都會上街找酸酸辣辣的東南亞料理，香茅、檸檬、魚露、薄荷葉總是讓人精神一振。尤其台灣氣候越來越炎熱，清爽的東南亞菜系應該會是讓人食欲大開的選擇。

我們與市場團隊根據趨勢與消費者喜好調研，決定開創越南料理，開創沐越當時也讓團隊到越南及香港，向越南料理的名廚學習，並且觀察當地越南菜的消費市場與喜好。其實一開始團隊提議走平價品牌，但我認為王品十年的多品牌策略明確下，未來只會加速新品牌開發，因此，每一新品類的開發目標不會只開立一個品牌，應該思考規劃更長遠的未來，故要開發新品類應該先做困難、有門檻、菜色豐富但價格稍微較高一些的，等技術都建構完善之後，再拉出單品往下延伸。

我常叮嚀團隊，**如果我們期待公司未來五年、十年長成什麼樣子，那麼現在我們需要投資與做些什麼，才能讓未來的藍圖與樣貌漸漸展現？唯有做好基本功與幫助未來打好基礎，對未來負責進行長遠投資，才是現在經營團隊應該要做、要努力的。**所以沐越於二〇一七年開創後，團隊很快於二〇一九年延伸開立的樂越，就是主打河粉，品牌定位和價位都走親民路線。

至於享鴨中華料理，也是希望先做技術困難但有競爭門檻的烤鴨料理，未來有機會再向下延伸不同價位的產品，先做困難的品類，未來才更容易延伸。記得研發享鴨的烤鴨時，我與創業研發團隊前後吃了一百多隻鴨，吃到一副烤鴨臉，就是為了一開始就先努力學好烤鴨的諸多技巧與眉角，研究挑選什麼樣的鴨種，鴨的重量大小和脂肪比例都要講究，還有醬汁研究，及探究用什麼樣的設備生產、風乾設備與時間控制等等。

也因為累積了這些能量，團隊在成立丰禾台式小館時，我們還有能力結合CSR，善盡企業社會責任。過去談社會企業責任，可能是企業賺錢時付出，不賺錢時可能就暫停或減少，我當時也在思考有沒有其他做法，可以和我們王品的餐飲本業結合，讓CSR進行形成長長久久的日常？

剛好，當時在全國大專院校商業個案大賽中，全國第三名的團隊提出「醜蔬果」的企劃。他們調查發現，全台灣每年有近三分之一的蔬果食物浪費在生產端，也就是蔬菜水果中所謂的「格外品」，例如長得大小不一、奇形怪狀、光澤不夠等等。其實這些醜蔬果的營養價值依舊，卻因為它長得不漂亮、不好處理就被淘汰，餐廳不用，市場不賣，消費者也覺得那些是不要的。

我們覺得善用格外品減少浪費這個概念很好，讓團隊初步調查研究後，發現與我們想做的事非常契合，因此組成團隊到產地了解狀況，探討有沒有機會運用這些醜蔬果，減少格外品的浪費。就這樣，成立新品牌，運用王品的餐飲能力烹調醜蔬果的想法漸漸醞釀成形。我的理想是，如果農民知道格外品也有機會賣出去，這些食材就不會被丟棄浪費，農民也就不會為了外觀漂亮的蔬果而大量噴灑農藥，少了農藥噴灑，等於也保護了台灣這塊土地，創造環境、企業和消費者之間善的循環。

當時同仁提出很多點子，有人說做中餐，有人說做西餐，後來大家覺得既然要將格外品醜蔬果變身美味餐點，而且是為了保護台灣這塊土地為出發點，如果以傳統台菜的台灣味呈現應該會更有意義。所以在手禾台式小館，有五〇%以上的蔬果食材是使用格外品，希望透過王品的廚藝能量，和民眾分享這些格外品可以如何烹調，將珍惜食物的觀念宣導出去，這個理想還在努力的路上，至少我們已經踏出第一步。

從代理莆田為起點，王品的中餐體系一路向下開展，我們在挑選第一批中餐種子廚師時，也挑選念中餐出身，或有待過中餐體系的同仁，運用他們過去的中餐背景，在廚藝這一塊就能迅速接軌，深化人才培育。

隨著中餐品牌陸續誕生，不僅達到當初開發多品牌的目標，王品也成立中餐事業群，整合品牌能量，產生更好的綜效。當時成立的中央廚房，除了負責營運的前置作業，預備於未來推出年菜組合，也能將中餐體系中，點餐率和滿意度較高的菜色組合成銷售品，促成王品首度進軍年菜市場與通路市場，期望未來有機會做到前備的料理包等等，提供消費者優質調理食品的前哨。

回想當初，決定踏入中餐市場，我曾聽到有人說：「王品跑來做中餐？他們根本不知道中餐多困難，一定做不成啦！」當時我笑著沒說話。我心裡很清楚，王品多品牌連鎖店的發展策略，絕對少不了中餐，透過開放多元發展，我們的中餐體系也在數年間開枝散葉，讓中餐品牌為王品集團注入一股新的活力。

解決進軍陌生品類的困難，用多元發展迸發品牌能量的TIPS

一、回應餐飲趨勢，挑戰過去未曾嘗試的品類，建構不同以往的核心能力。
二、開放多元發展，打破傳統，從代理國外品牌開始，縮短從零到一的時間。
三、掌握新品類的邏輯與眉角，先投入有技術門檻、高單價的產品，未來再向下開展不同價位的產品。
四、透過餐飲本業結合CSR，創造環境、企業和消費者三贏。

第50章
追求營收成長，一年推出四個新品牌的祕密

二〇三三，是我與團隊於二〇一五年接任執行長後喊出的數字與目標：十年開發二十一個品牌；成長一〇%，營收三百億；獲利一〇%，利潤三十億。

二〇三三，是為了讓人心惶惶的團隊方向明確、目標一致，從現在開始的十年，我們可以做什麼？未來十年，王品會長成什麼樣子？為了達成二〇三三的目標，短期三年我們必須聚焦三大策略主軸：提升公司形象、找回增長營收、重建利潤結構。

提升公司形象，回歸經營餐飲業初衷，我們在食安危機跌倒，必須建立更高的標準，用具體的作為從食安重振形象；找回增長營收，因為業績衰退，我們要優化既有品牌，穩住金流，同時加速開發新品牌，打造未來的營收；重建利潤結構，在短短半年關閉將近六十家店，經過食安危機和市場大環境改變，發現有一〇%的營收短期是救不回來的，既然過去的利潤結構已經跑掉，未來就要強化管理、鞏固獲利。

我告訴團隊：「以前的利潤結構是虛胖，現在我們要精壯。以前獲利有錢，現在沒錢，但是

壞日子還是要過，不用管別人怎麼笑我們！」同時，我們每年平均至少要開三個新品牌，才能趕上一〇三三的目標，之所以是三個，是我預估成敗參半，但是失敗沒關係，其中只要有一個品牌成功，就會帶來上億的營收。

二〇一五年，王品進軍中餐，代理新加坡莆田，二〇一六年初正式開張，是突破外界預期的一大蛻變。我們期待以多元開放態度，學習新加坡莆田的中餐經驗，如何將博大精深的中餐做到標準化，如何透過中央廚房效率生產，這都是過去專研西餐和火鍋的王品缺乏的核心能力。學起來，未來我們就能自己開創第二個、第三個中餐品牌。

開創新品牌，也是希望創造動能，讓同仁和消費者看見王品的改變。一直糾結在形象不佳和業績衰退也沒有幫助，不如創造新的焦點和話題！

用組織創業顛覆慣性

有了二〇一五年的策略聚焦，二〇一六年，我們開始啟動組織轉型工程，也就是建構「組織創業」的模組。

過去王品最著名的醒獅團計畫，一路從西堤、陶板屋到hot 7、義塔，十多個品牌都是由獅王創業。但是從hot 7及義塔之後，獅王創業的腳步就停了下來，後來又遇上食安危機，王品有好一段時間沒有推出新品牌，甚至外界覺得王品已經玩不出新意。

當時董事長交給我一個任務：快速開新品牌。

時空環境不同了，我們不能再像以前讓獅王單打獨鬥，從零開始一步一步建構也太慢，而且風險高。時代變了，如果還用老方法，解決不了事情與新問題，團隊共識的策略目標是十年開二十一個品牌，組織不改變，其實是動不了的。

尤其總部有十多個功能部門，營運有十多個品牌，執行長要管這麼多業務，管轄幅度與壓力其實很大。而且新舊品牌都需要資源，如果沒有優先順序，資源和時間的分配很容易出問題。既然新舊品牌兩條策略都很重要，乾脆讓組織也形成兩條線。

於是新品牌開創開始推動「組織創業」，透過系統化的創業模組，用總部和營運協作的力量，快速開發新品牌。當時，讓新舊品牌管理分流，增設營運長一職，協助管理既有品牌，對我負責；而我帶領新成立幕僚「經營企劃室」，專心調研市場與研發新品牌。

經營企劃室做什麼？首先，企劃調研的小組會花三到六個月做市場調研，觀察餐飲市場趨勢和消費習慣，蒐集公司可以投入的品類，交由決策會探討。決策會確定要開哪幾個品類，以及優先順序。

確定某個品類可以開創新品牌之後，再用三到六個月定調設計，提案通過後，我就會開始建構營運團隊，從公司裡尋找適合的事業處主管人選，再交由董事長主持的決策會拍板。同時，自總部調組團隊與事業處主管合作，再尋找新品牌的研發人才，開始研發，這樣營運和廚藝的團隊就到位了。之後，我會留一組經營企劃室成立的專案小組繼續推動，另一組專案小組就重新投入新品牌的市場調研、尋找品類，等於形成一個開新品牌的生產線，讓這個循環持續滾動。

等事業處主管建構事業處的經理、店長和團隊後，即讓營運單位接手運作，專案小組與我只負責追蹤與輔導，定期每個月開會探討。一般到研發試菜的階段，我則密集參與，確保品牌定位沒有走鐘，接著事業處主管他們就會繼續進行裝潢、餐具、文案視覺、菜單制服之類的品牌設計，同時開始尋找開店地點、找設計師提案，也開始培養廚房大廳的同仁，一家餐廳的輪廓就會漸漸浮現。

第一個組織創業的品牌，如果發現實施不順的地方，即馬上修改調整，開創後並將歷程經驗寫成程序書，第二、第三個品牌就會越來越順。當時董事長還說：「我看你開得很快嘛，改成一年開四個品牌好了！」就這樣，我們在二〇一七年真的順利推出四個品牌，後來沐越、享鴨、青花驕、丰禾日麗都在那幾年陸續誕生。

組織創業的做法顛覆了過去獅王創業的模式，以前是先找獅王，由獅王自己先做調研、自己決定品類和品牌定位、自己寫企劃案，自己建構團隊，然後再研發菜色，雖然學習很多，卻也非常辛苦。當公司越來越大，我們需要多少獅王才能快速開發新品牌？而且，王品成立到現在，台灣有哪一個餐飲集團像我們開過那麼多品牌？既然公司有這麼豐富的資源和人才，而且做過這麼多品類，我們為什麼不整合這些資源和能量？為什麼不透過組織分工和系統建構，讓開品牌變得更有效率？

過去做會計師和顧問，習慣用系統性分析，如果要分析夏慕尼創業為什麼可以成功，答案其實不是我擅長創業，尤其我根本沒有餐飲經驗，只是善用解構、系統和人才的能量，並把對的人擺在對的位置，效益就會出現。我認為一個人不一定所有能力都要會，而是掌握邏輯和系統，讓擅長的人去做，借力使力，組織創業也是如此。

組織創業就是讓人才專門做他擅長的事，運用團隊的力量，依職能與專業分工各司所長，讓市場調研完成調研和決定品類，接下來只要把事業處主管、研發主廚這些「頭」找出來，賦予他們責任，讓他們擔任「類獅王」的功能，負責承接與開展，這樣的做法不僅更快速，成功率也更高。而且想創業的同仁會很開心，他們沒想到可以透過這樣的方式一圓創業夢。

新品牌成立後，還會由專案小組持續追蹤六個月，協助做必要的調整，如果確定沒有問題了，這個品牌就會轉移到既有品牌的事業群。同時間，營運長也帶領團隊啟動品牌優化工程，診斷既有品牌是否老化？是否需要進行品牌更新？這些歷程充分展現危機也是轉機，這個機會我們應該好好利用。

在推動組織變革的過程中，一旦方向明確，接下來就是引導同仁思考How to Do？因此我們也推動當責文化與執行力的修練，每個品牌要守好各自的戰略位置，希望引導事業處主管對品牌未來的主動發想。當時在開重建品牌的專案會議，就有主管說：「Annie，你直接教我就好啦！為什麼要一直開會？」因為我必須培養夥伴的自驅動能力，讓公司未來繼續茁壯，這樣接班的關鍵人才才能接得順利。

完成一年交付四個品牌的關鍵，我認為第一是策略明確，第二是組織轉型有跟上腳步，加上權責能分工，配合人才培育和薪獎酬辦法到位，讓組織形成系統化運作。就這樣，同仁們後來也習慣組織創業的模式，之後幾乎每年都能開出三至四個，甚至四個以上的品牌。走過危機谷底，翻轉王品形象，讓營收和利潤增長，我也終於完成當初對公司的承諾，放心卸下階段性任務。

解決成長停滯，讓內部快速開創新品牌的TIPS

一、訂出十年明確目標，切割成階段性任務逐步落實。

二、推動組織創業，新舊品牌管理分流。新品牌加速開發，舊品牌診斷優化。

三、設立經營企劃室，將創業模組系統化，縮短摸索時間，提高成功率。

四、在組織轉型的過程，引導同仁的自驅動能力，為未來的接班做準備。

新商業周刊叢書BW0771

我這樣管理，解決90%問題！

前王品執行長楊秀慧靠小框架扭轉大問題的管理學

作　　者／楊秀慧
文字整理／黃詩茹
企劃編輯／黃鈺雯
版　　權／吳亭儀、顏慧儀、江欣瑜、游晨瑋
行銷業務／周佑潔、林秀津、林詩富、吳藝佳、吳淑華

總 編 輯／陳美靜
總 經 理／彭之琬
事業群總經理／黃淑貞
發 行 人／何飛鵬
法律顧問／元禾法律事務所　王子文律師
出　　版／商周出版　臺北市南港區昆陽街16號4樓
電話：(02)2500-7008　傳真：(02)2500-7579
E-mail：bwp.service@cite.com.tw
發　　行／英屬蓋曼群島商家庭傳媒股份有限公司　城邦分公司
臺北市南港區昆陽街16號8樓
電話：(02)2500-0888　傳真：(02)2500-1938
讀者服務專線：0800-020-299　24小時傳真服務：(02)2517-0999
讀者服務信箱：service@readingclub.com.tw
劃撥帳號：19833503
戶名：英屬蓋曼群島商家庭傳媒股份有限公司城邦分公司
香港發行所／城邦(香港)出版集團有限公司
香港九龍土瓜灣土瓜灣道86號順聯工業大廈6樓A室
電話：(852)2508-6231　傳真：(852)2578-9337
E-mail：hkcite@biznetvigator.com
馬新發行所／城邦(馬新)出版集團
Cite (M) Sdn Bhd
41, Jalan Radin Anum, Bandar Baru Sri Petaling,
57000 Kuala Lumpur, Malaysia.
電話：(603)9057-8822　傳真：(603)9057-6622　email: cite@cite.com.my

國家圖書館出版品預行編目(CIP)數據

我這樣管理，解決90%問題！：前王品執行長楊秀慧靠小框架扭轉大問題的管理學/楊秀慧著. -- 初版. -- 臺北市：商周出版：英屬蓋曼群島商家庭傳媒股份有限公司城邦分公司發行, 民110.06
面；　公分. --(新商業週刊叢書；BW0771)

ISBN 978-986-0734-28-7(平裝)

1.企業管理 2.組織管理

494　　110006688

封面設計／萬勝安　內文設計暨排版／無私設計・洪偉傑　印　刷／鴻霖印刷傳媒股份有限公司
經 銷 商／聯合發行股份有限公司　電話：(02)2917-8022　傳真：(02) 2911-0053
地址：新北市231新店區寶橋路235巷6弄6號2樓

ISBN／978-986-0734-28-7
定價／420元

城邦讀書花園
www.cite.com.tw

2021年5月31日初版
2024年8月6日初版4.5刷